每/天/读/点

READ A LITTLE PSYCHOLOGY EVERY DAY

心理学

晓楠◎编著

时事出版社
·北京·

图书在版编目（CIP）数据

每天读点心理学 / 晓楠编著. -- 北京：时事出版社, 2024. 12. -- ISBN 978-7-5195-0612-4

Ⅰ. B84-49

中国国家版本馆 CIP 数据核字第 2024NE2512 号

出 版 发 行：时事出版社
地　　　　址：北京市海淀区彰化路 138 号西荣阁 B 座 G2 层
邮　　　　编：100097
发 行 热 线：（010）88869831　88869832
传　　　　真：（010）88869875
电 子 邮 箱：shishichubanshe@sina.com
印　　　　刷：河北省三河市天润建兴印务有限公司

开本：670×960　1/16　印张：15.75　字数：165 千字
2024 年 12 月第 1 版　2024 年 12 月第 1 次印刷
定价：48.00 元
（如有印装质量问题，请与本社发行部联系调换）

　　心理学是一门涵盖很广泛的学科，可以说涉及我们工作与生活的方方面面。小到一个人对于自己情绪的调节、与他人的交往，大到工作、创业，可以说，生活中的方方面面都和心理学有着密切的联系。

　　心理现象是一种极其复杂的现象，有一句话说得好，世界上最浩瀚的是海洋，比海洋更浩瀚的是天空，比天空还要浩瀚的是人的心灵。所谓心理学，用一句带点哲学意味的话来说，就是当人类的意识返回到自身，用智慧的解剖刀解剖自己内心世界的一种科学。

　　本书运用心理学原理，结合实际工作与生活案例，对各种心理现象进行了详尽的分析，并提供了操作简便的解决思路与方法。只要你将本书中学习到的心理学知识应用到实践中，并把行动中所感悟到的经验和教训总结出来，不断改进，相信很快就会使自己焕然一新。

目录

第一章 / 认知心理学

我是谁，谁是我——自我认识　　003

帮你认识自我——约-哈里窗口理论　　006

你是怎样对待生活的——性格　　009

为何你是这样的人——遗传与环境　　011

本我、自我、超我——人格的构成　　015

工作狂的乐趣——自我实现　　019

演好你的角色——角色定位　　021

你所忽视的能力——第六感觉　　023

"潜伏"的自己——梦的意义　　026

背负已久的包袱——思维惯性　　028

系统化与感官协同——记忆规律　　031

身心需要外界刺激——"感觉剥夺"　　034

第二章 / 行为心理学

你知道他的需求吗——马斯洛效应　　039
四肢说话，眼神即心——身体语言　　041
内心世界的几何图——面部表情　　044
你们的距离有多远——打招呼的方式　　046
人人都会"随大流"——从众心理　　049
龙多不下雨，人多瞎捣乱——责任扩散　　052
人微言轻，人贵言重——权威效应　　056
从喜好上轻松识人——颜色心理学　　058
未见其人，先闻其声——细节识人　　061
近朱者赤，近墨者黑——链状效应　　062
偏见是一座"山"——刻板效应　　064
让他自己暴露心境——投射心理　　067

第三章 / 社交心理学

一分钟亮出自己——自我展示　　073
初次见面，请多关照——首因效应　　076
审美岂能疲劳——近因效应　　078
物以类聚，人以群分——相似效应　　080

优势互补，皆大欢喜——互补定理　　082
爱人者恒被爱——相互吸引定律　　084
得人好处想着回报——互惠定律　　087
好氛围有助交际成功——氛围定律　　089
学会信任和分享——团队协作　　091
倾听也是一种交流——沟通效应　　093
敞开心扉给人好感——自我展示定律　　096
获取他人的感激心——面子效应　　100
让对方不知不觉喜欢你——多看效应　　102

第四章 / 情绪心理学

出门看天色，进门看脸色——好心情定律　　107
颜色对心理的影响——色彩心理学　　108
一方水土养一方人——天气心理学　　111
噪声对心理的负面影响——环境心理学　　113
选择并不是越多越好——选择适度　　115
得不到的葡萄是酸的——酸葡萄、甜柠檬　　118
不良情绪会导致疲劳——心理疲劳　　121
运动会带来快乐——体育健全性格　　124

设身处地理解别人——换位思考	126
"得不到江山就要美人"——心理代偿	129
最佳的美容处方——心理美容	131
用100%的热忱做1%的事——激情效应	133

第五章 / 人格心理学

你的心理健康吗——心理健康的标准	139
做自己的心理医生——心理调适	142
扭曲的自尊心——虚荣心理	144
疑心生"暗鬼"——猜疑心理	148
为何喜欢吹毛求疵——完美主义心理	151
恨人有，笑人无——嫉妒心理	154
莫说能撑船，小肚如鸡肠——狭隘心理	157
越看新闻心越慌——信息焦虑	160
翻来覆去就是睡不着——失眠	163
饮食失调是一种心理病——厌食与暴食	166
总喜欢引人注意——表演型人格障碍	170
恨不能天天宅在家里——社交恐惧症	172

第六章 / 销售心理学

克服销售中的胆怯心理——心理修炼　　179
给顾客留下良好的第一印象——形象修习　　180
最有效的就是坦诚——理智型客户　　182
一定要站在他的角度——抢功型客户　　183
坚持就事论事——刁蛮型客户　　186
不可过分纵容——关系型客户　　188
恰到好处的言谈举止——心理吸引　　190
利用客户渴望被认同的心理——心理暗示　　193
有效地消除客户的抵触情绪——心理攻坚　　195
如何让对方刮目相看——心理博弈　　196
售后是连续销售的开始——售后心理　　198

第七章 / 管理心理学

真正的管理者是去管理人的情绪——管理情商　　203
让每个人都发光发热——知人善任　　206
识别人才如同伯乐相马——谈话识人　　208
理智与感情并用——换位思考　　210

劝将不如激将——激发士气　　　　　　　　211

保持一定的距离——恰到好处　　　　　　214

威信是一种软实力——不怒自威　　　　　216

合理运用"鲶鱼效应"——危机效应　　　218

潜意识运用非正式权力——无形影响　　　220

理解新生代年轻人的思想心态——与时俱进　223

第八章 / 家庭心理学

婚姻是爱情的坟墓吗——心理误区　　　　227

男人哭吧不是罪——情绪郁结　　　　　　228

子不教，父之过——心理遗传　　　　　　230

让孩子爱人的能力——培养爱心　　　　　231

怎样让孩子更听话——控制与反控制　　　233

为什么没有人爱我——单亲家庭子女　　　235

家有叛逆儿——逆反心理　　　　　　　　237

两看两相厌——爱情厌倦心理　　　　　　240

第一章

认知心理学

我是谁，谁是我——自我认识

几乎所有心病的根源，都可以溯源到这三个主要问题上：我是谁？我从哪里来？我将往何处去？

"我是谁"，包含着对自己的外表、体质、举止、性格特点、气质类型、能力、兴趣、所承担的社会角色等方面的认识。

"我从哪里来"，涉及籍贯、家庭状况、学历、工作经历、阅历、现有知识水平、能力、社会地位、社会资源等。

"我将往何处去"，则指一个人对自己未来人生的规划，比如在经济、情感、社会成就等方面想要达到什么样的目标，以及实现这些目标的具体方法。

这些问题概括来说，都属于自我知觉的范畴。

自我知觉，其实就是人们常说的自我认识，是指人们对自己的需要、动机、态度、情感等心理状态以及人格特点的感知和判断。它可以是有关自我的一套观念，也可以只是有关自身认识的一些直觉，但不论是观念还是直觉，都会对我们的行为产生影响。准确的自我知觉，有助于个体的社会调适和心理、行为素质的良好发展。

几乎所有的事都与自我知觉有关。在我们身边，由于不了解自己的性格、天赋、气质，盲目求职的人还少吗？

规划人生同样牵涉到自我知觉。我为什么而工作？我的经济条件允许我买什么样的房子？我对生活有什么要求？我准备为理想承担什么样的代价……这些问题不想清楚，往往活成一团乱麻。

与人相处也离不开自我知觉。亲友、同学、同事、师生、上下级，每个人在不同的人面前有不同的身份。要求一般同事像朋友一样理解自己，要求老师或上级为自己办私事，绝大多数情况下都会碰钉子。不懂得按照基本的社会角色规范行事，就可能给自己制造麻烦。

认识自己并不是一件容易的事。在日常生活中，人既不可能每时每刻去反省自己，也不可能总把自己放在局外人的位置来观察自己。正因为如此，个人便需要借助外界信息来认识自己。由于外部世界的复杂多变，个人在认识自我时很容易受到外界信息的暗示，而不能正确地认知自己。

人们常犯的一个错误是，很容易相信一个笼统的、一般性的人格描述特别适合自己。即使这种描述十分空洞，他仍然认为反映了自己的人格面貌。

有心理学家曾用一段笼统的、几乎适用于任何人的话让大学生判断是否适合自己，结果，绝大多数学生认为这段话把自己概括得非常准确。你也来看看这段话吧——

你很需要别人喜欢并尊重你。你有自我批判的倾向。你有许多可以成为你优势的能力没有发挥出来，同时你也有一些缺点，不过你一般可以克服它们。你与异性交往有些困难，尽管外表上显得很从容，其实你内心焦躁不安。你有时怀疑自己所做的决定或所做的事是否正确。你喜欢生活有些变化，厌恶被人限制。你以自己能独立思考而自豪，别人的建议如果没有充分地论证你不会接受。你认为在别人面前过于坦率地表露自己是不明智的。你有时外向、亲切、好交际，而有时则内向、谨慎、沉默。你的有些抱负往往很不现实。

这其实是一顶套在任何人头上都合适的"帽子"，而太多的人爱把这顶"帽子"往自己头上戴。

这种对自己的错误认知在生活中十分普遍。当人的情绪处于低落、失意的时候，会对生活失去控制感，安全感也会受到影响。一个缺乏安全感的人，心理的依赖性大大增强，就比平时更容易接受心理暗示。

那么人应该怎样真正认识自己呢？这就需要人经常仔细地反省自己，不受外界环境的左右。曾子说："吾日三省吾身。"就是靠经常性的自我反省和思考来了解自己的本性及其变化。别人的意见不是不能听，而是在听完别人的意见后，一定要自己进行分析，永远要保持清醒、独立的判断。

帮你认识自我——约-哈里窗口理论

美国心理学家约瑟夫·勒夫特和哈里·英格汉提出关于自我认识的窗口理论，被称为约-哈里窗口理论。他们认为，人对自己的认识是一个不断探索的过程。因为每个人的自我都有四部分：公开的自我、盲目的自我、秘密的自我和未知的自我。通过与他人分享秘密的自我，通过他人的反馈减少盲目的自我，人对自己的了解就会更多更客观。那么如何认识自我呢？认识自我的渠道主要有三种：

1. 从自己与他人的关系中认识自我

与他人的交往是个人获得自我认识的重要来源，他人是反映自我的镜子。从幼年到成年，我们从简单的家庭关系扩展到外面的友爱关系，进入社会又体会到复杂的人际关系。聪明而善于思考的人能通过这些关系用心向别人学习，获得足够的经验，然后按照自己的需要去规划自己的前途。但是，在与他人的关系中认识自我也要注意一些问题。

第一，跟别人比较的是我们做事的条件，还是我们做事的结果？比如有些人在公司上班，认为自己的家庭条件和经济基础不如别人，就开始把自己置于次等地位，进而影响工作心态和情绪。其实我们应该比较的是在工作中各自所取得的成绩，而非在日常生活中我们所具备的条件。

第二，跟他人比较的标准是可变的还是不可变的？经常有人认为自己不如他人，他们关注的常常只是身材相貌、家庭背景等不能改变的客观的条件，对于大多数人来说这些条件是很难改变的，是没有实际比较意义的。

第三，和什么样的人相比较？是与自己条件相类似的人，还是自己心目中的偶像或不如自己的人？所以，确立合理的比较对象对自我的认识尤为重要。

2. 从"我"与事的关系中认识自我

从"我"与事的关系中认识自我，即从做事的经验中了解自我。我们可以通过自己做过的事、取得的成绩看到自己身上的缺点和优点。对那些聪明的人来说，成功、失败的经验都可以促使他们再成功，因为他们了解自己，他们有坚强的品格又善于学习，所以可以避免重蹈失败的覆辙。但对于某些比较脆弱的人，因为只能看到失败反映出的负面因素，而导致其失败。这也是常见的现象。因为他们不能从失败中吸取教训，改变策略追求成功，而且挫败后形成害怕失败的心理，不敢面对现实去应对困境或挑战，所以失去许多成功的机会。而对于一些自大的人而言，成功反而可能成为失败之源。他们可能因为成功便骄傲自大，以后做事便自不量力，最后往往遭受更多的失败。

3. 从"我"与自己的关系中认识自我

从"我"与自己的关系中认识自我看似容易，其实做到这一点是非常困难的。我们可以从以下几个角度去试着认识自己。

第一，自己眼中的我。自己眼中观察到的客观的我，包括身体、容貌、性别、年龄、职业、性格、气质、能力等。

第二，别人眼中的我。在与别人交往时，从别人对你的态度、情感反映而感觉到的我。不同关系、不同类型的人对自己的反应和评价是不同的，它是个人从多数人对自己的反映中归纳出的认识。

第三，自己心中的我，也指对自己的期待，即理想的我。

我们可以通过自己眼中的我、别人眼中的我、自己心中的我这三个我的比较分析来全面认识自己，进而完善自己。

请关注你的内心，经常问问自己：我正在做的事是我真正想做的吗？我正为之奋斗的是我真正想要的吗？我正在过的生活是我真想过的吗？

只有认识自己才能更好地做自己。做自己，做自己喜欢的、擅长的事情，做能使我们的价值得到充分体现的事情，做能让我们产生美好体验的事情——不仅仅是为了获得世俗意义上的成功，更是为了让自己感觉充实、幸福，感到生命充满意义！

你是怎样对待生活的——性格

性格是人对现实的态度和行为方式中比较稳定而具有核心意义的个性心理特征。

拿一个男人来说，他对信仰忠诚、热爱，对学习、工作认真踏实，对志同道合的朋友经常表现出和蔼可亲，对自己始终要求谦虚谨慎。像这种对事业、对学习、对朋友和对自己所表现出来的稳定的态度和相应的行为方式，如果经常贯穿在他的行为的全部过程中，这些态度和行为方式就构成了这个男人的性格特征。至于那些偶尔表现出来对某种事物的态度和一时一事的举动，就不能构成他的行为特征。仍以此人为例，他本是一个勇敢的人，但在某些情况下也可能出现一丝犹豫，但不能因此就说他是个性格懦弱者。

反过来说，一个总是畏首畏尾的人，在被激怒的情况下，也可能做出冒失的举动，我们也不能因此就说他是个勇敢的人。

性格在一个人的个性心理特征中，如兴趣、能力、气质等，是相互影响的，并起着核心作用。性格左右着兴趣的发展方向，同时制约着能力的发展水平。

性格不是天生的，而是后天获得的。它是在家庭、学校及社会教育的影响下，通过自身的实践逐渐发展起来的。性格一旦形成，就比较稳定，但不是一成不变的。实际上，一个人的性格总是在社会经验中通过自我调整而发展改造的。因此，性格具有可塑性。

世界上关于性格类型划分的理论有很多种，MBTI（迈尔斯－布里格斯类型指标，Myers-Briggs Type Indicator）性格类型理论被认为是目前国际上最权威、最普遍使用的理论。中国MBTI性格类型系统分为五个维度，每个维度有两个方向，共计十个方向，即十种性格特点，具体如下：

我们与外界相互作用的程度以及自己的能量被引向何处：

（E）外倾—内倾（I）

我们自然注意到的信息类型：

（S）实感—直觉（N）

我们做决定和得出结论的方法：

（T）思维—情感（F）

我们喜欢以一种较固定的方式生活（或做决定），还是以一种更自然的方式生活（或获取信息）：

（J）判断—知觉（P）

我们与其他人之间的相互作用方式：

（A）主导—被动（B）

每个人的性格都在五个维度相应分界点的这边或那边，我们称之为"偏好"。例如：如果你落在"外倾"的那边，称为"你具有外倾的偏好"；如果你落在"内倾"的那边，称为"你具有内倾的偏好"。

在现实生活中，每个维度的 2 个方向你都会用到，只是其中的一个方向你用得更自然、更容易、更快、更舒适，就好像每个人都会用到左手和右手，习惯用左手的人是左撇子，习惯用右手的人是右撇子。同样，你的性格类型就是你用得更自然、更容易、更快、更舒适的那种。

五个维度各有两个方向，一共组成 2×2×2×2×2=32 种性格类型，如下表所示：

表 1　32 种性格类型

ISTJA	ISFJA	INFJA	INTJA	ISTJB	ISFJB	INFJB	INTJB
ISTPA	ISFPA	INFPA	INTPA	ISTPB	ISFPB	INFPB	INTPB
ESTPA	ESFPA	ENFPA	ENTPA	ESTPB	ESFPB	ENFPB	ENTPB
ESTJA	ESFJA	ENTJA	ENTJA	ESTJB	ESFJB	ENFJB	ENFJB

为何你是这样的人——遗传与环境

"我是怎样的一个人？我为什么是这样的一个人？"在回答这个问题时，必然触及心理学中最根本性的争议：人性是先天的还是后天的？所有人都承认身高、发色、体型及眼睛的颜色等体态特征具有遗传性，且越来越多的人开始认识到癌症、心脏病和高血压等许多疾病的发病倾向也有很明显的遗传成分，但很少有人会想到，在人的心理品质中，基因也起着很重要的作用。

近年来，在如何看待遗传（先天）与环境（后天）的关系问题上，西方心理学家的意见正向遗传因素转变，美国心理学家格塞尔关于双生子的研究证实了这一点。下表显示了分养与合养的同卵双生子在某些特征上的相似性，相似程度在表中用相关系数 r 来表示。相关系数越大，其相似程度越高。在此，有这样一个逻辑假设：若个体的差异是由环境引起的，则在相同环境下成长起来的合养同卵双生子与分养同卵双生子相比，其个体特征应更相似。但是，实际结果并非如此。将分养同卵双生子间每种特征的相关系数与合养同卵双生子的相关系数相除，所得数值列在表的最后一列，这列数值表示两类双生子在每种特征相似性上的差异。如果两个相关系数相同，则相除以后的结果是 1；如果它们完全不同，则相除以后的结果会接近 0。结果发现，两者在每种特征上的相关系数惊人的相似，即其比值大多接近于 1，几乎没有低于 0.80 的，个别的甚至大于 1。

表2　分养与合养同卵双生子在某些特征上的相似性比较

特征	r 分养	r 合养	r 分养 / r 合养
生理			
脑电波活动	0.80	0.81	0.987
血压	0.64	0.70	0.914
心率	0.49	0.54	0.907

特征	r 分养	r 合养	r 分养/r 合养
人格			
多维人格问卷	0.50	0.49	1.020
加利福尼亚人格问卷	0.48	0.49	0.979
智力			
韦氏成人智力量表	0.69	0.88	0.784
瑞文智力测验	0.78	0.76	1.030
社会态度			
宗教信仰	0.49	0.51	0.961
无宗教信仰社会态度	0.34	0.28	1.210
心理兴趣			
斯特朗—坎贝尔兴趣问卷	0.39	0.48	0.813
明尼苏达职业兴趣量表	0.40	0.49	0.816

这些结果表明，对于相当数量的人类特征而言，大多数差异似乎是由遗传因素或基因引起的。表中的数据从两个重要方面证明了这一结果：其一，具有完全相同遗传特质的人（同卵双生子），即便分开抚养且生活条件大相径庭，他们长大成人以后不仅在外表上极为相似，而且其基本心理和人格也惊人的一致；其二，在相同条件下养育的同卵双生子，环境对他们的影响似乎很小。格塞尔等将他们的发现表述如下："到目前为止，在调查过的每一种行为特征，从反应到宗教信仰，个体差异中的重要部分都与遗传有关。这一事实今后不应再成为争论的焦点，现在是该考虑它的意义的时候了。"

随后，许多研究者以格塞尔等所得的双生子数据资料为基础，完成了大量的相关研究。这些研究结果表明，基因对许多心理和行为特征的影响确实是很大的，超出了之前的预料。例如，有研究发现，基因不仅在很大程度上决定着人们对职业的选择，甚至当各种职业所要求的生理条件保持恒定时，在人们的工作满意度和职业道德方面大约仍有 30% 的变化源于遗传因素。格塞尔的另一项研究更直接地指向一些影响人一生的、稳定的人格特质。结果表明，人们在外倾—内倾、神经质和自觉性等特性上的变异可以更多地（65%）以遗传差异而非环境因素来解释。当然，对格塞尔等的研究的批评意见也体现在多个方面。有的声称，这些研究者并没有尽可能完整地公布他们的研究数据，因此，不能独立地对他们的研究结果进行评价。还有很多研究报告表明，格塞尔等的研究没能考虑到的一些环境因素对双生子确实有重大影响。最后，随着 DNA 分析技术的准确性的提高，那些质疑格塞尔等的研究结果的研究者认为，应该使用 DNA 检验技术来验证双生子研究结果的有效性。格塞尔在评估了大量有关"先天—后天"的研究例证后总结道：从整体上看，人格中 40% 的变异和智力中 50% 的变异都以遗传为基础。

总之，在遗传与环境如何影响个体发展这个根本性的问题上，我国心理学家一贯坚持这样的立场：遗传对人的心理与行为的影响是不可否认的，但也不能过分夸大遗传的作用；遗传只能提供心理与行为表现的自然前提和可能性，而环境和教育才能规定其现实性。

本我、自我、超我——人格的构成

没有人喜欢听别人说自己"人格不健全",如果你听到"你的人格有缺陷!""你有人格障碍!"诸如此类别人对你的评论,你恐怕会不假思索、本能地反击过去"你的人格才不健全呢!""你的人格才有问题呢!"很显然,他人说你人格有缺陷并不是什么好事。而当你听到他人赞扬你有"人格魅力"时,则常常会欣然接受,高兴不已。那么,到底什么是人格呢?

从心理学的角度来说,人格是一个人独特的思维、情感和行为模式。每个人都是由独特的才智、价值观、期望、感情、仇恨以及习惯构成,这就使得我们形成了一个与众不同的自己。人格不仅具有独特性,同时也具有稳定性,这也决定了你以前是什么样,现在和将来都是什么样。

奥地利心理学家弗洛伊德将人格分为"本我""自我"和"超我"三部分。

"本我"是人格结构中最原始部分,从出生日起算即已存在。构成"本我"的成分是人类的基本需求,如饥饿和口渴。"本我"中的需求产生时,个体要求立即满足,故从支配人性的原则而言,支配"本我"的是唯乐原则。例如,婴儿每感饥饿时即要求立刻吃奶,绝不考虑母亲有无困难。

"自我"是个体出生后，在现实环境中由"本我"中分化发展而产生的，由"本我"而来的各种需求，如不能在现实中立即获得满足，就必须迁就现实的限制，并学习如何在现实中获得需求的满足。从支配人性的原则看，支配"自我"的是现实原则。此外，"自我"介于"本我"与"超我"之间，对"本我"的冲动与"超我"的管制具有缓冲与调节的功能。

"超我"是人格结构中居于管制地位的最高部分，是由于个体在生活中接受社会文化、道德规范的教养而逐渐形成的。"超我"有两个重要部分：一为自我理想，是要求自己行为符合自己理想的标准；二为良心，是规定自己行为免于犯错的限制。因此，"超我"是人格结构中的道德部分，从支配人性的原则看，支配"超我"的是完美原则。

比如，抑制自己的怒火，虽然生气，但知道什么话能说，什么不能说。这就是"自我"的控制和压制。那些力求完美、对自己要求严格、容不得丝毫错误的人，往往其"超我"过于强大，经常对过去的事情懊悔、自责，感到抑郁；而那些时常狂躁、随心所欲、无所顾忌的人往往"本我"过于强大，"自我"在现实面前无能为力，动不动就摔东西、发怒。

有同事甲、乙两人，学历相当，年龄相仿，同一年进了公司。几年过去了，甲当上了部门主管，事业蒸蒸日上；而乙专心于技术，虽然工作踏实，但至今默默无闻。这位乙同事偶尔会情绪不稳定，因为当他的"超我"变强的时候，"超我"就会说："你应该和甲一样出色，为什么他能够出人头地，你却不能？你需要不停地努力，赶上他，超越他才行！"这时，乙就会有一种惭愧的情绪体验，甚至自卑、自责。这就是乙的"超我"在压制"本我"，此时就需要他的"自我"将其拉回现实，告诉他："你不用跟别人比，过自己喜欢的生活，做最好的自己就可以了。"当乙的"自我"协调好"本我"和"超我"的关系之后，他才会过得轻松、自由、快乐、充实。

一个真正健康的人格中，"本我""自我""超我"这三个组成部分必须是均衡、协调的。我们要使自己有一个完善、健康的人格，就应该学会平衡和协调"本我""自我"和"超我"这三者的关系。一旦三者失调乃至被破坏，就很容易出现心理问题，危及人格的发展。

在平衡"本我""自我""超我"这三者之间关系的时候，我们应该注意以下三点。

1. 懂得控制自己的心理和情绪

人是很容易自我娇惯、自我放纵的高级动物，特别是对于一些贪图享乐的年轻人来说，饭菜总是愈可口愈好，衣着总是愈华丽愈好，住房总是愈宽敞舒适愈好，钱包总是愈鼓愈好，别人对自己愈崇拜愈好……由于这些动机的驱使，他们想方设法通过各种手段去"追求"自己想得到的一切。

俗话说"人心不足蛇吞象"，人的欲望是永无止境的，无所禁忌地满足自己，并不是一件好事，有时候会带来严重的后果。放纵自己就是堕落，是对自己不负责任的态度。实际上，给予自己的自由越多，所受的束缚也就越多。年轻人不要一味地追求享受和自我满足，有时候困顿也是一种很好的人生经历。

2. 不要给自己施加过高的道德准则

同样是为了达到某种目的，与那些过于放纵自己的年轻人相比，还有一部分年轻人总是给自己制定严格的行事标准，一旦没有达到自己的期望值，就形成强大的压力，产生沮丧心理，影响工作和生活。

我们不是圣人，难免有能力不够或是犯错的时候，特别是对刚步入社会不久的年轻人来说，无论是在学识、经验还是其他方面都是缺乏的，因此，很多目标并不是一朝一夕能达成的，凡事只要做到最好的自己就行了。

现代社会给我们的压力已经很大了，我们在为自己助威的同时，也要学会为自己减压，让自己轻轻松松地生活和工作。

3. 保持一颗平常心

所谓情商，是测定和描述人的情绪、情感的一种指标。具体包括情绪的自控性、人际关系的处理能力、挫折的承受力、自我的了解程度以及对他人的理解与宽容。情商低的人不会处世，人际关系紧张，容易急躁或是缺乏理智；而情商较高的人，通常有较健康的情绪，有良好的人际关系，遇事懂得调节自己的心理，容易获得心灵上的放松。

提高自己的情商是形成健康人格的一部分。高情商不是先天生成的，而是在后天不断实践中获得。这就要求我们保有一份平和的心态，喜怒哀乐从容处之。

工作狂的乐趣——自我实现

我们常在电视里看到汽车拉力赛的场面。几乎在每场比赛的过程中，都有"人仰车翻"的镜头，也都有车手死伤的情况，但是车赛却年复一年，久盛不衰。还有，西班牙的斗牛运动举世皆知，那更是对死亡的直接挑战，也正因此，具有最强的刺激性，吸引了很多人。

面对那些强刺激而又十分危险的运动，你也许不以为然地发出感叹：何必这样玩命呢？

这真是叫旁观者难以回答的问题。可是，我们可以反问一下，为什么有人对工作那么痴迷呢？或许你也是其中之一——每天早早起床，在一杯黑咖啡中开始工作，一天至少工作12个小时，累得要命，到了周末却不知道干什么，以至于还想往办公室跑……

或许，心理学家马斯洛的需要层次理论能给我们揭示这种特殊嗜好背后的心理原因。

马斯洛认为，自我实现是人的最高层次的需要。所谓自我实现的需要，是指正常的人都需要发挥自己的潜力，表现自己的才能。只有潜力、才能被充分发挥出来，人才会感到最大的满足。

马斯洛说："每个人都必须成为自己所希望的那种人。""能力要求被运用，只有发挥出来，它才会停止吵闹。""自我实现的需要就是使他的潜在能力得以实现的趋势。"这些话的确揭示了人类深层的本性。人对自我实现的需要，在我们日常生活中处处都可以看到。黑格尔举过一个例子：一个小孩用石片在水面上扔出了一连串的水圈，他因从一串串的水圈中看到了自己的力量而感到满足和高兴。

人的本性就是注定要向前发展。如果停滞不前，人会无法忍受。有的人生活表面似乎平静，没什么变化，其实只是他的变化我们看不出来罢了，或者他的变化比一般人要小。

世界上许多喜欢冒险的人，就是因为对平淡的生活没有新奇感，没有刺激感，使他们无法振作起来。为了追求那种刺激感，人们选择了许多挑战自我且表面上看似乎与自己过不去的活动。

比如很多富豪，挣的钱已经够他花几辈子的了，为什么还要辛辛苦苦、殚精竭虑地工作，在市场竞争中奋力拼杀呢？说到底，他们无非就是要在自己的活动中实现自身价值。这种心理追求是看不见摸不着的，但是支配着许多人的行为，甚至赋予他们激情和韧性。

演好你的角色——角色定位

"角色"一词最先是戏剧中的一个专有名词，指戏剧舞台上剧中人物及其行为模式。英国戏剧家莎士比亚说："全世界是一个舞台，所有的男人和女人都是演员，他们各有自己的入口与出口，一个人在一生中扮演许多角色。"

社会学家们在分析社会互动的过程中发现，社会舞台与戏剧舞台具有某些相似之处，于是把戏剧中的"角色"概念借用到社会心理学和社会学中来，产生了"社会角色"的概念。社会角色是个体与其社会地位、身份相一致的行为方式及相应的心理状态。它是对特定地位的个体行为的期待，是社会群体得以形成的基础。

美国著名心理学家戴维·迈尔斯曾提到：性别的社会化给了男孩子和女孩子不同的角色。社会赋予女孩子"根"，赋予男孩子"翅膀"。的确如此，尽管不同国家间的文化差异很大，但是在任何一种文化中，女性都承担了更多的家务和养育后代的工作，而男性则更多地在外面的世界中闯荡。对于我们来说，上面所说的这些已经是生活中司空见惯的事情了，事实上，这是我们的社会为男性和女性规定的性别角色。

在现实生活中，与其说我们是作为个体生活在社会中，不如说我们是一个角色动物。每天，我们都在按照社会文化所规定的角色行事：

在年迈的父母面前，我们是子女，平时受他们呵护，必要时也要照顾他们；

步入公共场所，我们是成年人，是整个社会的中坚力量；

面对上级，我们扮演着员工的角色，需要做的事情是努力工作，实现自己的价值；

在下属的眼里，我们是领导者，是主心骨，享受更多的权利，也承担更多的责任；

当我们结婚了，我们扮演着爱人的角色，我们享受爱情，也要呵护爱人与心爱的小家庭；

当我们有了孩子，作为父母，我们最重要的任务是培育好下一代……

每一个角色都赋予了我们特定的责任和内涵。

一个人如果对自己的角色认识不清，就会导致角色失调，必然会对其生活产生很大的影响。并不是每个人每个时候都能清楚并扮演好自己的社会角色。人们在角色扮演过程中常常会产生矛盾、障碍，甚至遭遇失败，这就是角色失调。心理学上将角色失调分为角色冲突、角色不清、角色中断以及角色失败。

在职场这个大舞台中，每个身处其中的人都扮演着一种角色，这个角色规定了你的职责范围和权限，限定了你的定位。因此，要想让自己扮演的角色出彩，就必须认清自己的角色，将自己的心理定位在和自己的角色相符的尺度上。这样，才能融入角色之中，才能真正用心"演"好这个角色。

例如，面对上级，一定要有下级的心理定位，不能因为一时的得意而超越这种心理定位，尽量做到出力而不越位，避免"功高盖主"的现象发生。否则，一旦有了超越角色的心理作祟，你必将受到规则的惩罚。

很多年轻人由于缺乏对社会的认知，缺乏对自身角色的认识，不能很好地理解角色的内涵，不能顺利地进行角色转换，这必然对他们的生活产生消极的影响。只有对社会角色认识得越清晰、越全面，年轻人才能越快速、越顺利地实现角色的转换。当然，只有我们的角色越符合社会的期望，才能越好地立足于这个社会。

你所忽视的能力——第六感觉

下班了走在大街上，突然心中一动，转过头去，旁边有人也同样转过来看着你，隔着熙熙攘攘的人群，你骤然遇见了多年未见的老上司……

电话铃响，你心想，这一定是某个客户的电话——尽管也许好久没联络了，但你在接电话的一刹那突然想到了他。答案对了，你惊奇万分。

在推门的瞬间，你猛然觉得一阵异样，有危险！你拔出枪小心翼翼地进入房间——当然，假设你是动作片的主角。事实上你只是拐进了厨房，一看，冷锅冷灶……然后你发现一张纸条，毫无例外，老婆因为你的第 N 次加班晚归而赌气没有给你留饭菜。

……

许多人都有这样的第六感或直觉。有人走进房间，能自觉感受到哪些地方有问题、有异样，并且从细小的地方感受到一些东西，得到一个整体的印象，尽管很难用语言表达出来。或是，准备做什么事情的时候，会预料到有什么事情发生，而在进行的时候，真的发生了！

这种感觉超出了一般的视觉、听觉、触觉等范围，似乎是神秘的、无法解释的。其实，在这些事情的背后，都有大脑无形的运作。我们得到的直觉，更多的是大脑从生活中进行推演的结果，这个过程是在大脑感知区域进行的，而不是认知区域，所以我们并不能理解为什么是这样，但是我们就会觉得是这样。

17 世纪哲学家、数学家帕斯卡关于"第六感觉"说过这样一句话："心灵活动有其自身的原因，而理性却无从知晓。"经过了三个多世纪，这一观点得到了证实，并且得到了进一步的确认。要知道，在我们的思维中，自动的部分要比主动的多很多，这些自动的思维是我们无法把握的。而这些自动思维的外显，在生活中就构成了直觉，而生活又为直觉提供了"土壤"。

所以，当我们面对一些危险事情的时候，大脑就会从那些已经得到的"生活"中给我们一些警告。比如，当我们害怕一个人的时候，身体就会在大脑的支配下，出现一系列不舒适的表现：起鸡皮疙瘩、胸口发冷、恶心、手心出汗等。相反，如果我们面对一个人感到安全的时候，身体就表现得比较舒适，比如肩膀放松、胸口感到温暖，整个身心都会比较轻松。

根据已知的科学资料，人脑被开发的功能只占极小的部分。曾经有科学家估计，伟大的发明家爱迪生所用的脑部机能也未超过10%。假设事实真的如此，那么大脑剩下的90%的功能是什么？科学家现在还无从回答，因此谁也没办法确定你的大脑有没有预警功能。在这种情况下，相信自己的感觉吧。

不过，千万不要以为直觉可以解决一切问题。毕竟所有的直觉都不是偶然获得的，是我们长期积累的结果。这就是为什么象棋大师一眼就可以看到哪颗是关键的棋子，而新手却要经过很长时间的磨炼才会有这样的直觉。

"潜伏"的自己——梦的意义

夜晚，即使是在入睡后，我们的大脑也仍在活动，做梦就是其中一种。

外贸公司的小萍最近经常一闭眼睛就回到中学时候的考场上，大张的试卷写着不知所云的题目，她一点都看不懂，什么都不会，以致在极端的焦躁和绝望中惊醒，出了一身的冷汗——而事实上，自从十年前大学毕业，小萍就再也没有参加过那样的考试了。

梦是潜意识给你的来信。人的一生大约会做十万个梦，平均每个晚上要做三个半梦。梦中离奇怪诞的情节，仿佛一串串心理密码。人人都渴望能解读这一封封神秘的来信，走进自己迷宫般的内心世界。

奥地利心理学家弗洛伊德称，如果知晓了某人的梦，就可以知道他心底深处的矛盾与欲望，梦把无意识中被压抑的纠葛和欲望反映到了意识之中。

梦不是偶然的，而是被压抑的愿望，通过伪装得以满足。潜意识好比"情感的垃圾箱"，人的许多不被道德意识所允许的本能或非理性欲望因为压抑被赶到了潜意识里。在梦中，压住"情感垃圾箱"的意识力量减弱了很多，潜意识便活跃起来，但是处于半休息状态的"意识警察"仍在潜意识的出口把门，潜意识中的种种欲望、冲突、情感以及见不得人的东西，都要乔装打扮后才能通过"意识警察"的把关浮现到意识层面。因此，我们所梦见的，也许是看起来风马牛不相及的东西，其实却蕴含着隐藏的意义。

如果一个梦境反复地出现在你的梦里，你就需要特别注意了。上文提到的小萍，终于在周末抽空见了一位略懂心理学的朋友，那位朋友尝试着为她的梦境做出解释，"既然你最近没有考试，却还会做这种梦，一般暗示着你在现实生活中面临一些心理上的压力，为了缓解这种压力和不安，你的潜意识会在你的记忆中找出压力性质相近的情绪来代替，所以考试是假的，这种情绪和压力却是真的"。小萍点点头，确实，这段时间她一直在为公司的年终考核担忧，本以为自己将这种压力掩饰得很好，却没有想到它会通过梦境被释放出来。

同小萍一样，大多数人念念不忘的梦魇，都是儿时的经历或不愉快的体验，愉快的梦境往往稍纵即逝，不易记得。梦中出场的人物大多是现实人物的变体，例如，分手的恋人成了老板、法官、客户等。在分析梦中的人和事物时必须注意一点，即为了压抑不快，梦经常将其转化为其他的事物表现出来。

虽然有些梦会让人觉得很不愉快，但做梦是正常的。做梦能保证机体正常活力。阻断人做梦的实验表明，如果睡眠者做梦时被反复唤醒，不让其梦境继续，会导致人体一系列生理异常，如血压、脉搏、体温以及皮肤的电反应能力均有增高的趋势，植物神经系统机能有所减弱，同时还可能会引起一系列不良心理反应，如焦虑不安、紧张、易怒、感知幻觉、记忆障碍、定向障碍等。

做梦还能协调人体心理世界平衡。由于人在梦中右侧大脑半球活动占优势，而觉醒后则左侧大脑半球占优势，在机体 24 小时昼夜活动过程中，清醒与梦交替出现，可以达到神经调节和精神活动的动态平衡。因此，梦是协调人体心理世界平衡的一种方式，特别是对人的注意力、情绪和认识活动有较明显的作用。

梦是大脑调节中心平衡机体各种功能的结果，梦是大脑健康发育和维持正常思维的需要。倘若大脑调节中心受损，就形成不了梦，或仅出现一些残缺不全的梦境片断，如果长期无梦睡眠，那就更应注意了。

背负已久的包袱——思维惯性

复杂的往往不是问题，而是看问题的眼睛。人们在考虑问题的同时，把自己生平所有积累的经验和知识加了进去，殊不知，这不只是一个人的思维惯性，而且是人的包袱。

人是惯性动物，抗拒改变是自然反应，也是必然的过程。不是每一个人都能立即全心全意地接受改变，接受新事物意味着放弃旧东西，意味着改变旧有的生活模式。我们今天用惯了电话，没有电话已经无法正常地工作和生活，要知道贝尔刚发明电话时，人们嘲笑说人是不可能对着一个装满电线的匣子说话的。

如果你只想保持眼前舒适顺畅的生活而毫不思变，很可能是因为习惯了，或害怕失败，所以反对任何新的尝试。"大家都是这样做的"，"我做这一行以来，从没听说过这种事……"一旦自我设限，只会墨守既有规则时，有趣的新组合以及打破规则的创新就永无出头的机会。这样一来，抗拒改变的心态会羁绊你前进的脚步。

作为组织中的领导者，一旦受思维惯性的束缚，便容易产生组织惯性。组织惯性实质上是人的思维、行为惯性的集中表现，又称行为定势。它对企业组织的生存存在潜在的危险。

国外有这样一个故事：一位炮兵军官到下属的部队检查炮兵操练的情况。他在几个部队中发现一个相同的情况：在一个操练单位中，总有一名士兵始终站在大炮的炮管下面，纹丝不动。军官百思不得其解，追问起来，得到的回答是：这是操练条例的要求。军官觉得非常奇怪，回去反复查阅军事文献，终于弄清了这个问题。原来在非机械化时代，大炮是由马车运载到前线的，站在炮管下面的士兵的任务是负责拉住马的缰绳，以便在大炮发射后调整由于后坐力产生的距离偏差，缩短再次瞄准所需的时间。现在大炮的机械化和自动化程度已经很高，不再需要这样的角色，但操练条例没有得到及时调整，因此出现了"不拉马的士兵"。长期以来，炮兵的操练条例始终固守着非机械化时代的规则，军官的发现使他获得了国防部的嘉奖。

在我们的生活中，"不拉马的士兵"到处都是。例如，一个企业在确定了经营管理模式之后，大家总是遵循一个固定的工作流程，并逐渐习惯地运用这套程序解决各种问题。由于习惯所致，在实践中，领导者与员工很少会思考这些方法是否仍然合理、有效。如果企业任由组织惯性发展下去，必然会出现效率低下、沟通不畅等状况。这就是组织惯性的恶果。

许多曾经辉煌的企业、组织，甚至是个体，之所以成为昨日黄花，消失在人们的视线中，并非是它们面对环境无能为力，而是它们不能随着时代的发展变化而迅速地做出调整，总是困囿于昨日经验的阴影中，一味恪守过往的规则流程，不能敏锐把握未来的发展方向，不敢突破、不会创新，以致于被组织惯性束缚着，在昨日的教训上平白失掉了明天的机会，也丧失了自我成长的空间。

系统化与感官协同——记忆规律

我们来进行一个测试记忆力的实验。一分钟内尽可能记住给出的 20 个名词，包括不相关的一些词，如"小学生""伞""可乐"等。回答时顺序可以打乱。

结果是怎样的呢？

有没有人会说"一个爱喝可乐的小学生举着一把伞"呢？

像这样，将若干个看似毫无关系的词排列在一起时，我们自然而然地将其中的几个归为一组，这种无意识行为就叫作记忆的系统化。

在生活中，记忆力是很重要的一种能力，它不仅可以让我们避免社交中的尴尬，更重要的是可以帮助我们掌握许多有用的知识。其实，一切复杂的高级心理活动的发展都必须以记忆为基础，就像一位科学家说的："一切知识归根结底都是记忆。"

就内容来说，记忆可以分为以下几种：感知形象的记忆、语词概念的记忆、情绪的记忆和运动的记忆。比如说起黄山旅游，可以想起云海和迎客松，这是形象的记忆；对于抽象概念的记忆是概念的记忆；第一次听到一首好听的歌曲，记住了那种情绪所以记住了歌曲，这是情绪的记忆；多年前学会游泳，到现在还会，这是运动的记忆。

那么怎样记忆能达到最好的效果呢？记忆不一定是下功夫越大效果越好，而是有方法可循的。

教育的基础就是获得知识的体系，心理学家认为，一个人想要更好地理解和记忆所学的知识，最好是把知识放到一个体系之中。有了相互的关联、相互的比较，知识才容易记忆。此外，参与收集信息的感官越多，信息就越丰富，所学的知识也就越扎实。多种感官一齐上阵参与记忆，要比一种感官孤军作战单独记忆的效果好。

宋代大学者朱熹曾说过："读书有三到，谓心到，眼到，口到。心不在此，则眼看不仔细，心眼既不专一，却只漫浪诵读，决不能记，记亦不能久也。三到之中，心到最急。心既到矣，眼口岂不到乎？"朱熹的这个理论在我国学术史上是很有名的，被后代的许多文人奉为学习的有效方法之一。

朱熹谈的"三到"，包括了两种感官的协同作用——视觉和听觉。心理学研究证明朱熹的理论是正确的。

美国心理学家格斯塔做过这样一个实验。他把智商相近的10名学生平均分为两组：第一组所在的屋里只有5张椅子和5本书；第二组所在的屋里除5张椅子和5本书之外，还有几本故事画集，并播放音乐。然后要求两组测试者都背诵书，结果他发现第二组测试者成绩远远优于第一组。

如今的电化教学（视听教学）的优越之处也在于此，它可以使声音与画面相结合，生动形象与情绪感染相结合，从而获得更好的学习效果。

　　心理学还发现，人从不同感官得到的知识记忆效果是不同的。一般，人从听觉获得的知识，能够记住15%，从视觉获得的知识能够记住25%。但是如果把听觉和视觉结合起来，就能记住所需知识的65%。也就是说，把感官协同起来一起发挥作用，要比它们单独运用的结果之和还要好。

　　有些人知道的并不少，可是他们的全部知识都在记忆里，是一些死东西，当需要忆起某种东西时却忘记了，而不需要的东西却"浮上心头"。还有些人知识虽然可能少一些，但全部得以应用，并且在记忆里随时能够再现所需要的东西。这两种人的区别就在于，是否了解记忆的规律，是否在脑子里形成一个合理的知识体系。

　　需要注意的是，我们一开始记忆，就要学习建立知识体系，在脑子里把知识和用这些知识的场合联系起来。

　　或者说，材料在识记过程中应当不断地加以系统化。在这里，从事物中找出相同之处和不同之处的能力是很重要的。心理学家苏沃洛夫建议道："记忆是智慧的仓库，但是在这个仓库里有许多隔断，因而应当尽快地把一切都放得井井有条。"

身心需要外界刺激——"感觉剥夺"

也许"瞎子抓人"的游戏曾经让幼小的你感到刺激和有趣，可是心理学家们所做的类似实验可就没有那么好玩了。

美国心理学家黑伯等人首创了一种"感觉剥夺"实验。他们给测试者戴上一副半透明的护目镜，让他看不清楚；再给他戴上一副厚厚的棉手套，让他没办法触摸；并给他塞上耳塞，使他什么也听不见。然后，测试者被领到一个小房间里，按照事先的约定，尽可能长时间地躺在床上，只有吃饭、上厕所才能起来。在黑伯的实验中，测试者在被隔离12小时、24小时、48小时后，被要求做简单算术、字谜游戏和组词等测试，结果，被隔离时间越长，测试的成绩就越差。有的被测试者变得很难集中注意力，并容易激动，还有紧张焦虑、情绪不稳、思维迟钝等症状，奇怪的是，有的甚至还出现了错觉和幻觉。仪器显示出他们的脑电波比隔离前明显减慢。隔离时间如果过长，有些人还会因无法忍受，要求中途退出实验。这个实验告诉我们，人如果不能持续地从外界获得刺激，身心就会变得不正常。这个定律叫做"感觉剥夺定律"。

也许上天赐予我们各种感官，就是要我们去尽可能地使用它们。"感觉剥夺定律"的例子经常在生活中看到。比如，雷达监测员和长途司机，因为工作枯燥，长时间没有变化，就容易处于轻微的"感觉剥夺"状态。这会导致他们看见实际并不存在的、莫名其妙的东西，而引发事故。有时，高层住宅里的人在一个毫无声响的房间里独处，会突然感觉到强烈的不安。这也是"感觉剥夺"造成的。在南极考察的队员，如果长时间只看雪地的白色而不看其他颜色，容易得雪盲症。这也是"感觉剥夺"造成的生理失调。

由此可见，感觉虽然是一种简单的心理活动，却十分重要。首先，它向大脑提供了内外环境的信息。通过它，人们可以了解外界事物的各种属性，保证机体与环境的平衡。也可以说，感觉是认识的开端、知识的源泉。

以上实验可以证明刺激和感觉对于任何人来说都是必不可少的。对于一个正常人来说，没有感觉的生活就像坐精神班房，是无法忍受的。

美国著名盲人作家、教育家海伦·凯勒，是一个既盲又聋哑的严重的残疾人。但是她通过常人难以想象的努力，很大程度上克服了这些困难，甚至取得了超出常人的成就。她在感人至深的自传《假如给我三天光明》中，表达了对正常人生活的强烈渴望。

眼睛能看，耳朵能听，嘴巴能说话，这些对于一个健全的正常人来说是与生俱来的，也让我们习以为常，不觉得有什么可贵。但是没有它们的人，才知道拥有这些的人是多么幸福。

一位外国哲人说过，当我们看见丑陋的东西，我们要庆幸我们还有眼睛可看；当我们闻到不好的气味，我们要庆幸我们还有鼻子可闻……是啊，我们该庆幸我们所拥有的各种感官，没有它们，我们哪里知道什么是快乐。让我们珍惜它们吧，尽量抓住生活中美好的感受……

第二章

行为心理学

你知道他的需求吗——马斯洛效应

需求层次理论是心理学家马斯洛一生中最著名的论述。在他看来，人是一种"有欲求的动物"。人们会一直不停地追求各种目标，当这种需要得到满足后，人们又会有其他需要，继续去寻找其他新的目标。

马斯洛是美国著名的社会心理学家、人格理论家和比较心理学家。他的需求层次理论和自我实现理论是人本主义心理学的重要理论，对心理学尤其是管理心理学有重要影响。

由较低层次到较高层次，马斯洛依次把需求分成生理上的需求、安全上的需求、感情上的需求、被尊重的需求和自我实现的需求五类。

1. 生理上的需求

这是人类维持自身生存的最基本要求，包括衣、食、住、行等方面的要求，是推动人们行动的最强大的动力。

2. 安全上的需求

该需求包括人类对自身的人身安全、生活稳定以及免遭痛苦、威胁或疾病等方面的需求。

3. 感情上的需求

这一层次的需求包括两个方面的内容。一是友爱的需求,即友谊和爱情;二是归属的需求,即人都有一种归属于一个群体的感情。

4. 被尊重的需求

人人都希望自己有稳定的社会地位,希望个人的能力和成就得到社会的承认。

5. 自我实现的需求

这是人类最高层次的需求,它是指实现个人理想、抱负,发挥个人能力到最大程度,以完成与自己能力相称的一切事情的需求。

马斯洛的需求层次理论认为,任何一个人都有不同层次的需求,在满足了最基本的生存需求以后,人就会有更高层次的需求。

这个理论告诉我们,管理、营销、生产、教育等都要关注到对象的心理需求,尽量让对方获得被尊重、被信任和被重视的心理感受,如此,才能赢得他们的真心支持。

四肢说话，眼神即心——身体语言

秘书小梅拿着一份文件请新来的经理批阅。没想到在经理的办公室，她不小心碰翻了经理的茶杯，茶水弄湿了经理的衣服。她一时不知所措，等待着经理对她大发雷霆。可是经理一句话没说，只是冷冷地瞥了她一眼，示意她出去。

就在两个月前，小梅曾因工作上的一个失误，被原来的经理训了一顿，可她走出办公室后却一身轻松。而这次情况却完全不同，新任经理什么都没说，那不满的眼神反而让她心里直打鼓。她心里忐忑不安，一会儿担心被扣发奖金，一会儿担心被调离岗位。

有时候我们也会遇到这样的情况——大发雷霆的人反倒不让人害怕，而那种面无表情的人，仅仅冷冷一瞥的脸却让人不寒而栗。这是为什么呢？

人人都知道，语言是我们沟通的常用工具。语言是人类经历漫长的历史发展进程而形成的，是一种非常复杂的思想和情感的交流工具。我们一般以为，它是人类作为万物灵长的独特功能。

除了语言，人类还有其他的交流工具，就是身体语言。比如一颦一笑、一个眼神、一个动作，都体现了某种情感、某种想法、某种态度。

那么哪一种交流方式起的作用更大、交流的信息更多呢？恐怕大多数人都会回答是语言。因为语言是人类所独有的、非常复杂的，形成又经历了那么长的历史，应该为人类传递最多的信息。

可是事实并非如此。心理学家发现一个令人吃惊的事实：人类的沟通，更多是通过他们的姿势、仪态、位置以及同他人距离的远近等方式，而不是面对面的交谈进行的。确切地说，人际交流中65%以上是以非语言方式进行的，也就是通过身体语言进行的。

这听起来似乎令人难以置信，难道我们每天滔滔不绝地大侃，还不如一举手一投足有用吗？但这是事实。与口头语言不同，人类的身体语言表达大多是下意识的，是思想的真实反映，可能没有引起人们很大的注意，但是它在无声中传递了比语言更多的信息。

这就是小梅不害怕原来的经理，却担心新经理发难的原因了。因为原经理采用的有声语言，把自己的坏心情传达了出去，让小梅知道这件事已经结束了。可是新经理采用的身体语言，只表示了他的不满，至于怎样处理却不得而知，让人不知道是既往不咎了，还是"等一会儿再收拾你"呢？

此外，身体语言还有一个优势，就是它的真实性。撒谎在生活中是司空见惯的，但是身体语言却不像有声语言那样容易蒙骗别人。因为身体语言体现的是人的下意识，是比较难以控制的。据说，公安机关使用的测谎仪根据的就是这个原理。

人可以"口是心非"，但却很难做到"身是心非"。作为"心灵窗口"的眼睛，最能暴露一个人内心的秘密。如果一个人瞳孔扩大，眼睛大睁，就表明心里高兴，感觉良好；如果瞳孔缩小则相反。当不太相信的时候，眼睛会眯缝起来。当说假话时，一般不敢正视别人。

还有其他的一些身体语言，例如：如果他一边说他已经理解了你的意图，一边摸鼻子或拉耳朵，表明他被你说的话弄糊涂了；如果他向上皱起额头，表明他对你说的话感到惊讶；如果向下紧皱额头，表明没有听明白或不喜欢你说的话；如果他用手指敲打座椅的扶手或者是写字台桌面，表示心绪烦乱、不耐烦；如果他双臂交叉搭在胸前，表示戒备，心理上想离你远一点。

英国心理学家莫里斯经过研究发现了一个有趣的现象："人体中越是远离大脑的部位，可信度越大。"脸离大脑中枢最近就最不诚实。我们与别人相处，总是最注意他们的脸，而且我们也知道，别人这样注意我们，所以，人们都在借一颦一笑撒谎。再往下看，手位于人体的中间偏下，诚实度居中，人们多少利用它说过谎。可是脚远离大脑，绝大多数人都顾不上这个部位，因此，它比脸、手诚实得多。

随着与人交往经验的增加，我们要学会破解身体语言的密码，在不知不觉中观察对方的身体语言，了解对方的真实意图；作为一个社会经验较丰富的人，我们更应该善于通过对方的身体语言来判断他的真实想法，而不是对方说什么就信什么。

内心世界的几何图——面部表情

所以从某种程度上说,脸就是一张反映个人情绪和性格的晴雨表。

据美国心理学家保尔·埃克曼的研究,面部表情可分为最基本的六种:惊奇、高兴、愤怒、悲伤、藐视、害怕。他发现,不管生活在世界上哪个角落的人,表达这最基本的六种感情的面部表情都是相似的。他还发现,生来就双目失明的人,虽然从未见过别人的面部表情,却能以同样的面部表情来传情达意。

科学发现,面部表情是由7000多块肌肉控制的。这些肌肉的不同组合,甚至能使人同时表达两种感情,如生气和藐视、愤怒和厌恶等。

通过一个人的面部表情可以看出一个人的心理,因为每个人的表情后面是他生活经历、学识修养、心态人格的真实写照。

我们所说的脸面不仅是指人的长相,还主要是指面部表情。人体中的面部是内部统一的表面尺度,同时也是在精神上获得整体美的关键。因为从面部最丰富的精神性表现中,可以看出人的心灵变化。面部结构不可能脱离精神,因为它就是精神的直观表现。面容不仅是精神的体现,也是个性的象征,它与躯体有着明显的区别。面部很容易表现出柔情、胆怯、微笑、憎恨诸多感情谱系,它是"观察内心世界的几何图"，也是艺术最具有审美特性的地方。而身体相对于面部，尤其相对于眼睛而言，却居于次要的地位，尽管它也可以通过动作和造型来表达情感，如手的造型等，但仍然是不足以与面部相比拟的。因为面部与躯体就犹如心灵和表象、隐秘和暴露那样存在着本质的差异。

我们说的"脸色"，也不是指静态的长相，而是指动态的面部表情。面部表情是一种丰富的人生姿态、交际艺术。不同的人的脸色，又可以成为一种身份、一种教养、一种气质特征和一种表现能力。比如：脸上泛红晕，一般是羞涩或激动的表现；脸色发青发白是生气、愤怒或受了惊吓而异常紧张的表现。眉毛能表现极为丰富细致而又微妙多变的神情。皱眉一般表示不同意、烦恼，甚至是盛怒；扬眉一般表示兴奋、惊奇等多种感情；眉毛闪动一般表示欢迎或加强语气；耸眉的动作比闪动慢，眉毛扬起后短暂停留再降下，表示惊讶或悲伤。在面部表情上，嘴的作用不可轻视。一位心理学家为了研究眼和嘴在表情中的作用，将许多表现某种情绪的照片横切之后再综合复制，比如把表现痛苦的眼睛和一张表现欢乐的嘴配合在一起。结果发现，观看照片者受嘴的影响远甚于受眼的影响，也就是说，嘴比眼能表现出更多的情绪。比如：嘴唇闭拢，表示和谐宁静、端庄自然；嘴唇半开，表示疑问、奇怪、惊讶，如果全开就表示惊骇；嘴角向上，表示善意、礼貌、喜悦；嘴角向下，表示痛苦悲伤、无可奈何；嘴唇撅着，表示生气、不满意；嘴唇绷紧，表示愤怒、对抗或决心已定。

现实中，从脸部看人心理的这种能力是要通过努力学习和长期的实践才能得到的，发现并掌握它往往能帮助你做一个善于通过细节洞察人心的人。

你们的距离有多远——打招呼的方式

能揭示性格的招呼语，是指你刚刚结识某人时或与熟人相遇时，他最经常使用的那一种。行为心理学家弗拉杰举出的几种常见的招呼语，每一种均可揭示出说话者的性格特征。

"你好！"——这种人头脑冷静得近乎于保守，对待工作勤勤恳恳，一丝不苟，能够控制自己的感情，不喜欢大惊小怪，深得朋友们的信赖。

"喂！"——此类人快乐活泼，精力充沛，渴望受人倾慕，直率坦白，思维敏捷，富于创造性，具有良好的幽默感，并善于听取不同的见解。

"嗨！"——此类人腼腆害羞，多愁善感，极易陷入为难的境地，经常由于担心出错而不敢做出新的尝试；有时也很热情，讨人喜爱，当跟家里人或知心朋友在一块儿时尤其如此；晚上宁肯同心爱的人待在家中，也不愿外出消磨时光。

"过来呀！"——此类人办事果断，乐于与他人共享自己的感情和思想，好冒险，不过能及时从失败中吸取教训。

"看到你真高兴！"——此类人性格开朗，待人热情、谦逊，喜欢参与各种各样的事情，而不是袖手旁观。这类人是十足的乐观主义者，常常沉于幻想，容易感情用事。

"有啥新鲜事？"——这种人雄心勃勃，凡事都爱刨根问底，弄个究竟，热衷于追求物质享受并为此不遗余力；办事计划周密，有条不紊；遇事时宁愿洗耳恭听，也不愿表态。

"你怎么样？"——这类人喜欢抛头露面，利用各种机会出风头，惹人注意；对自己充满了自信，但有时又陷入沉默。行动之前喜欢反复考虑，不轻易采取行动；一旦接受了一项任务，就会全力以赴地投身其中，不圆满完成决不罢休。

还有，打招呼时双方的距离，也可显示出双方心理上的距离。

比如对方在打招呼的时候，故意后退两三步，也许他自己认为这是一种礼貌，表示谦虚，然而这种小动作往往让人误解是冷漠的表现，以致引不起话题，同时也难以开怀畅谈。像这种有意拉长距离的做法可视为警戒心、谦虚、顾忌等情感的表现。

有些人在打招呼时，一边凝视着对方的眼睛一边点头，其心理是利用打招呼来推测对方心理状态，并对对方保持戒心，企图表现得比对方更优秀。心理专家建议，要想和这种人接近，应特别注意诚意。若在这种人面前暴露自己的缺点，则会被对方瞧不起，所以不能操之过急，应采取长时间接近法。

和上面提到的人相反，还有一些人在打招呼时从来不看对方的眼睛。如果你注视对方的眼睛打招呼，而对方不看你的眼睛就做应答，那并不是看不起人——往往是因为怕生人而胆小，或有强烈的自卑感，在此时如同"被蛇看上的青蛙"。那么，你切记不要做那条"蛇"，这样双方才能平等、互相了解。

有些出人意料的人，在初次见面时就能很随便地打招呼，容易被人误认为很轻浮——其实这种人往往很寂寞，非常希望与别人接近。去酒吧或俱乐部时，有些女士发现，虽然是初次见面，但坐在自己旁边的男士却很亲热地与自己交谈，这事实上是为了使现场状况变得有利于他。

当遇到"见面熟"的男性时，女性要特别小心，切勿使男性有机可乘。这种男性性格大方，但可能比较滥情，性情懦弱，迷恋女性，且其中不乏游手好闲之徒。

还有些人，经常在一起工作，甚至经常一起喝酒，但每次见面还是千篇一律地打招呼。这种人大都具有自我防卫的性格。

有的人，接到你的礼物时会说"真谢谢，不要这么客气"，做此招呼是人之常情，但有些人收到礼物时，却佯装不知道。

当你不知道送给对方的礼物是否收到，接受礼物的人见到你后还是淡然地说"你早"，但等旁边没有人时，他会说："前些天收到了你送的礼物，谢谢你。"这种人多占据重要的位置，所以自己的言谈不能太随便。在工作场合，除与工作有关的事情外，其他话不必多说。

另有一些人，虽然在工作岗位上看来非常严肃，私下却非常喜欢娱乐，这样的人表里反差强，对出人头地、名誉非常看重。

此外，通过双方握手的方法，也可看出对方的性格：握手时，使劲握对方手的人，其性格主动、刚强，而且充满自信；握手时不使劲的人，则个性较为软弱，且缺乏魄力；在舞会等交际场合，频频与初识者握手的人，是自我表现欲强和社交能力强的人；握手时掌心出汗的人，大都易于冲动、心态失去平衡；握手时先凝视对方，然后再握手的人，则是希望占据心理地位优势的人。

人人都会"随大流"——从众心理

这样的事情你是否遇到过：几个人一起开会，等到表决的时候一片寂静。终于有人率先打破僵局，说："我赞成！"接下来，就有其他人附和说："我跟他想得差不多，我也赞成。"在这种情况下，你可能也会说："我也是这个意思。"这种"随大流"的现象，几乎在每个人身上都发生过。

在心理学上，个人的观念和行为受群体的引导或影响，从而向与多数人相一致的方向变化的现象叫做"从众"。用我们平常的话来说，就是"随大流"。

生活中顺应风俗、习惯和传统等，所谓"入乡随俗"，以及在吃、喝、穿戴和娱乐上赶时髦、追新潮等等，都是从众的表现。

生活经验告诉我们，个人生活中所需要的大量信息，都是从别人那里得到的。离开了众人提供的信息，个人几乎难以活动。因此人们往往认为，众人提供的信息更加全面可靠。

比如，我们在一个没写明男女的公共厕所前，会观察一下别人是怎样做的；口渴的旅行家在沙漠的绿洲上，会留意当地人究竟饮用哪一口井里的水，然后跟着效仿。一旦了解了人们的从众心理，我们就可以把它巧妙地用在日常生活中。某餐厅有两位服务员，一位叫梅莉，一位叫珍妮。她们为了"吸引"客人支付小费，都各自在收取小费的盘子里先放上一枚硬币。不过，梅莉放的是10美分的，珍妮放的是25美分的。结果，两个小时以后，梅莉收到的小费大都是10美分的面值，而珍妮收到的却几乎都是25美分的。这就是从众心理在客人支付小费时发挥的作用——很多人拿不准以多少小费为宜，不自觉地以别人的做法作为自己的标准。

众人并不总是可靠，我们也常说"真理掌握在少数人手里"。但从众心理的鲜明影响，连心理学家都不敢小觑。美国心理学家所罗门·阿希通过实验发现，由于从众心理的作用，往往少数正确的人会放弃自己的观点而遵从众人。

所罗门·阿希曾事先安排了6个大学生，让他们统一把2条不等长的线段 A 和 X 硬说成是等长的，去影响1个真正的被试者。结果被试者放弃了自己本来的正确答案，而认同了这6个人的观点。

人们为什么会盲目从众呢？这大概与人的社会性有关。人是社会动物，具有一种害怕偏离群体的心理。人们希望群体接受他、喜欢他、优待他，害怕由于自己与群体意见不一致，而陷入被讨厌、被虐待、被驱逐的境地。为了避免被称为"越轨者"或"不合群的人"，大多数人都会选择遵从众人。而群体中也的确有一股强大的压力要求一致性，当某人不赞同群体其他人的意见时，其他人会努力迫使他遵从。

例如，我们在家里可以穿各种奇特的服装，但当我们考虑是否穿这件衣服去上班时，想到同事们怪异和否定的目光，我们就会放弃这个打算。在开会需要举手表决时，当我们看到别人都举，自己明明不想举，也往往会跟着举，因为我们不愿因为"与众不同"而被人瞩目或者质疑。

龙多不下雨，人多瞎捣乱——责任扩散

俗话说"人心齐，泰山移"，"众人拾柴火焰高"。于是有一种观点认为，一个拥有共同利益的群体，一定会为实现这个共同利益而采取集体行动。但心理学家发现，现实往往并非如此，在这样的集体中，许多合乎集体利益的集体行动并没有发生。相反，倒有许多个人自发的自利行为，导致了对集体不利甚至非常有害的结果。

美国纽约发生过一起著名的案件——吉诺维斯案，一位叫做吉诺维斯的姑娘在回家途中遭歹徒持刀杀害。案发的30分钟内有几十个邻居听到被害者的呼救声，许多人还走到窗前看了很长时间，但没有一个人去救援，甚至没有人行举手之劳打电话及时报警，致使一件不该发生的惨剧成为现实。

在吉诺维斯案之后，美国社会心理学家拉特纳和达利精心设计了一系列实验。实验证实，旁观者的数量会明显影响到人们的助人行为。在他们的实验中，如果事故的现场只有一人时，85%的人选择给予援手；当有两个人时，助人的比例是65%；而当人数增加到5个人时，这个比例竟然降低到31%。

这是为什么呢？原因就在于责任扩散。"责任扩散"是指没有任何一个人会感到自己应对事件负唯一的责任，因而都在观察他人的举动——面对处于困境中等待帮助的人，如果我们身上有责任感，就会毅然地采取行动。但是，当有许多人在场时，就造成了责任扩散，我们不清楚到底谁该采取行动。帮助人的责任被分散到所有围观者的身上，这样每个人都减少了帮助的责任感，结果就造成了我们常见的这种冷漠旁观的情况。在只有一个人的时候，我们可以毫不犹豫地采取行动，不用担心别人怎么看我们，但是如果有其他人在场，我们会本能地先观察一下别人的反应，以免举止不当而遭到嘲笑，这就是为什么在人越多的情况下，我们越容易成为冷漠的看客。这种责任扩散效应是普遍存在的心理现象。

企业组织运行中的"社会懈怠"说的也是这种现象，管理者必须对它有足够的重视。社会懈怠是指个人与群体中其他成员一起完成某件事情时，或个人活动时有他人在场，往往个人所付出的努力比单独时偏少，不如单干时出力多，个人的活动积极性与效率下降的现象，也叫社会惰化作用或社会惰化。

对于社会懈怠的研究，法国心理学家黎格曼进行过一项实验，专门探讨团体行为对个人活动效率的影响。他要求参与实验的工人尽力拉绳子，并测量拉力。参与者有时独自拉，有时以3人或8人为一组拉。结果是：个体平均拉力为63公斤；3人团体总拉力为160公斤，人均为53公斤；8人团体总拉力为248公斤，人均只有31公斤，只是单人拉时力量的一半。

美国心理学家拉塔纳和他的同事为社会懈怠现象提供了进一步的证据。在其中一项研究中，他让大学生以欢呼或鼓掌的方式尽可能地制造噪声，每个人分别在独自和 2 人、4 人、6 人一组的情况下进行实验。结果每个人所制造的噪声分贝随团体人数的增加而下降。社会懈怠现象不仅发生在上述情境中，也发生在人们完成认知任务的时候。另外，它也是一种跨文化的现象，在集体主义社会中，社会懈怠的现象没有个人主义社会多。

拉塔纳认为，出现社会懈怠的原因可能有三个。

1. 社会评价的作用

在群体情况下，个体的工作是不记名的，他们所做的努力是不被测量的，因为这时测量的结果是整个群体的工作成绩，所以，个体在这种情况下就成了可以不对自己行为负责任的人，因而他的被评价意识就必然减弱，使得为工作所付出的努力也就减弱了。

2. 社会认知的作用

在群体中的个体，也许会认为其他成员不会太努力，可能会偷懒，所以自己也就开始偷懒了。

3. 社会作用力的作用

在群体作业的情况下，每一个成员都是整个群体中的一员，与其他成员一起接受外来的影响，那么，当群体成员增多时，每一个成员所受到的外来影响就必然会被分散、被减弱，因而，个体所付出的努力就降低了。

社会懈怠作用明显减弱了群体的工作效率。减少社会懈怠的有效途径是：

（1）不仅公布整个群体的工作成绩，还公布每个成员的工作成绩，使大家都感到自己的工作是被监控的，是可评价的。

（2）帮助群体成员认识他人的工作成绩，使其了解不仅自己是努力工作的，他人也是努力工作的。

（3）不要将一个群体弄得太大，如果是一个大群体，可以将它分为几个小规模的群体，使得更多的成员能够接受到外在影响力的影响。

之所以产生社会懈怠这种现象，专家们的解释是：人作为团体的一员而行动时会感到自己责任小，没有人会知道自己做得好不好。当个体认为自己的工作已湮没在团体之中，就会在团体中懈怠下来。因此，当团体规模增大时，社会懈怠程度也就越大。解决社会懈怠的方法就是让每个人的贡献都可以被评估。当人们相信自己的贡献能被评估时，社会懈怠就会消除。这也就可以解释为什么当和陌生人一起工作时社会懈怠程度最大，和熟人一起工作时社会懈怠程度降低，而当在一个高价值取向团体中时，社会懈怠就会消失。当团体有挑战性的目标任务，而且团体成员人数不多，他们认为达成目标会被奖励，并把自己看成团体的成员时，他们才会努力工作。

人微言轻，人贵言重——权威效应

最近大周在策划一个新项目，他对这个项目非常有信心。但一向谨慎的主管认为，这种填补"空白"的选题虽然创意十足，风险也同样很大。大周与他认真地讨论过数次，发现两人的分歧越来越明显。

得不到主管的支持，大周有些无奈。于是他请来了自己的学长——这个行业里的资深人士雷先生，帮助去劝说主管。

大周策划的项目投资巨大，因此主管不想冒这个风险。但和大周同行的雷先生却是久负盛名，是圈子里公认的专家。主管不但尊重他，而且非常信任他。

雷先生给主管历数了大周选题的可行性与各种好处，让主管心悦诚服地支持了大周的计划。正是因为相信权威的雷先生，主管才相信了大周，正是因为权威的作用，才促成了这个让大周崭露头角的项目。

"权威效应"指的是说话者若是地位高、有威信、受人敬重，那么他所说的话就易于引起他人的重视并相信其正确性。

心理学家们曾做过这样一个试验：在给某一大学心理学系的学生们讲课时，给学生们介绍了一位从外校请来的老师，并告诉他们这位老师是"著名的化学家"。在试验过程中,这位"著名的化学家"煞有其事地拿出了一个瓶子,里面装有蒸馏水,他说这是自己最新发现的一种"化学物质",有一种说不清的味道,让在座的每个学生闻到气味时就举手,结果大部分学生都举起了手。

为何大部分学生都会觉得原本并无气味的蒸馏水有气味呢?因为社会中存在一种普遍的心理现象,即权威效应。

在企业的日常经营与管理中,可以利用权威效应去引导、改变员工的工作态度和行为,这常常比命令的效果更好。一般来说,一个杰出的领导肯定是企业的权威,或者为企业培养了一个权威,再利用权威效应来进行领导的。作为一名管理人员,要树立自己的威信,该严肃时就必须严肃。下级犯了错误之后必须得到相应的惩罚。如果制度不健全,领导者的训话被视为儿戏,工作就会举步维艰,这样的领导者是非常不合格的。

在企业的日常经营与管理中,身为一名领导者,你的一言一行都被员工看在眼里。你怎么做,员工就会跟着怎么做;你怎么想,员工也会朝着那个方向想。因为领导在员工心里是正确性的标志,"领导都那样做了,那就肯定有一定的道理"。所以,如果一个领导做得好,那他在员工心里就是一个好榜样;如果做得不好,那他就成了员工推卸责任的好人选。

那么,领导应当注意哪些方面呢?第一,要培养自己的思想魅力;第二,要培养自己的人格魅力;第三,要养成激情与理性共存的风格。

权威效应之所以普遍存在，主要有如下两个方面的原因。

第一，因为人们都具有安全心理，也就是说，人们总是觉得权威人物常常是正确的楷模，服从权威人物会让自己具有安全感，增加了不会出现错误的"保险系数"。

第二，因为人们都具有赞许心理，总是觉得权威人物的要求常常与社会规范相一致，按他们的要求去做，就会获得来自各方的赞许与奖励。

在劝说他人支持自己的行动与观点时，恰当地利用权威效应不仅可以节省很多精力，还会收到非常好的效果。

从喜好上轻松识人——颜色心理学

在选购家具或衣物时，面对价钱相当的两项选择，一些人会以颜色作为优先考虑因素，另一些人则较为重视造型。根据研究，这两类人在性格上有颇大的差异。较注重颜色的人，他们具有外向气质，活跃于各个场合中，属于容易冲动、重感情的人。他们深富魅力，有公关、交际手腕，热情洋溢、讲求享受、重视社交生活。注意造型的人则与前者完全相反，内向、害羞，是不擅长社交能力的人，喜欢关起门来独自思索，坚持自己的原则，敏感、纤细，在众人面前常会手足无措。选购东西时，只要造型合他们心意，不管红的、白的、黑的，他们都较不在乎。

看的动作不是在眼睛，而是在脑部产生。眼睛，不过是收集光线而已。黛安·艾克曼在《感官之旅：感知的诗学》中提到，我们对色彩的感觉是相对的，而非绝对的，依时间、光源、文化、语言甚至大脑的结构而扰动不已。例如，有些民族没有言辞形容绿色，只能用暗或亮来形容；因纽特人有几十种关于白色的形容……色彩在我们心中引起的情感与记忆，影响着我们如何看世界。不过，大部分的人对红色、蓝色、黄色等颜色的心理感受、意见却相当一致。

心理学家指出，人们绝少同时意识到颜色及形状。有些人会先注意到颜色，对色彩感觉敏锐；另外一些人则容易被形状、构图、线条吸引。这个心理上的选择原则被我们广泛应用在日常生活上。

偏好红色的人在性格上活泼、大胆、新潮，对潮流资讯感应敏锐，容易感情用事，有强烈的感情需求，希望获得伴侣慰藉。他们的缺点是：浮夸、吹嘘，注重外表修饰，有追求物质欲望的倾向。

偏好绿色的人在性格上为人严谨、守本分，做事稳重，是值得信任的人。他们相对比较理性，不苟言笑，有耐性及实践能力，坚忍、认真，凡事按部就班，金钱使用也颇有规划性，能够稳步发展事业。

偏好黄色的人个性积极，喜爱冒险，乐观、爽朗，喜欢结交朋友，是达观、乐天的社交派人物。如果是女性的话，对爱情积极、主动，与异性交谈常用嗲声嗲气的语气，非常懂得善用撒娇的好处。

偏好蓝色的人个性明朗、诚实，处事方式偏向中庸，既不躁进也不退缩，做事富有弹性，有回旋空间。

偏好紫色的人谨言慎行，喜怒不形于色。许多人内心的想法都深藏着，不愿表达出来。他们姿态优雅，富有神秘气质，不善于交际，给人冷漠、高傲的印象。他们喜欢思索，会压抑、控制自己的情感。

偏好黑色的人的个性与紫色略为相似，但心态上更为阴郁，略显孤独，希望保有独特的空间。

偏好白色的人个性爽朗直接、单纯，给人一种洁净、清新的印象。喜欢白色的人向往单纯、柏拉图式的生活，有隐藏本性的倾向。

偏好灰色的人缺乏毅力，性格怯懦、胆小，凡事依赖他人，没有自己的主见，容易受别人影响改变已经决定或承诺的事情。

未见其人，先闻其声——细节识人

敲门是生活和交际中经常出现的动作。一般来说，我们到朋友家做客或进入同事、客户的办公室时，都需要做这一动作。通过这一动作，我们可以判断出很多有价值的信息。

当听到一个稳健响亮的敲门声时，我们可以判断出敲门者是一个办事沉稳的人，也是一个非常讲礼貌的人，他的敲门声往往也表示出他一定是有非常重要的事情要说明。

当听到一个短促凌乱、响若雷鸣的敲门声时，常给人紧张的感觉，这表明敲门者是一个非常急躁的人，他的来访不一定非常重要，但却表现得非常着急。

当听到一个轻软无力、细若蚊声的敲门声时，这表明敲门的人是一个缺乏自信、怯懦的人，这个人也许是刚刚入行的推销员，也许是一个想提出请求却还没想好怎样开口的人。

当听到一个轻柔沉静却富有节奏的敲门声时，会给人踏实的感觉，既不让人觉得紧张也不会被忽视，这样的人一般都是很文静的人，他们的来访一般只是公事。

当听到一个沉重迟缓的敲门声时，会让我们感觉像干裂的木柴，或者干涸的河床，这样的人多半是忧郁的，所以他们会在一些细节的动作中将他们的忧郁无形地传递给他人。

当听到一个迟缓造作、软弱无力的敲门声时，会让我们觉得有些烦，这是因为敲门的人往往都是很虚伪的人，所以在他们的动作中也会处处体现出一些矫揉造作的成分。

当听到一个热烈激昂的敲门声时，会给人余音不绝的感觉，我们可以从这个声音中听出会有好事发生，因为这是一个欣喜的人传达好消息的声音。

当听到一个干涩无劲的敲门声时，会让我们觉得有一潭死水在那里，这让我们的心情也有些压抑，因为门外的人也许是来找我们诉苦的。

当听到清脆急促的敲门声时，就像卵石相击那样，我们会明显地感觉到这个人的气势，这时门外也许正站着一位非常好胜的人。

近朱者赤，近墨者黑——链状效应

有个人要买驴，但不知那头驴的品性，就先牵来试用两天。

他把驴牵到自家牲口棚，和已有的三头驴系在一起。这三头驴，一头勤快，一头懒惰，一头善于讨好人，主人对此一清二楚。

这头新买的驴不和别的驴站在一起，只走到那头好吃懒做的驴旁边。买驴人见状，二话没说，马上又牵着这头驴回到市场上去。

"你还没有好好试试呢。"卖驴的人说。

"不必再试了。"买驴的人回答说，"现在我知道它是什么样的驴了。"

有一句俗话"近朱者赤，近墨者黑"，意思是接近朱砂（红色的物质）的会变红，接近墨（黑色的物质）的会变黑，在心理学上这种现象被称为链状效应，它是指人在成长中相互影响的作用。

我们每个人都生活在同一个世界，居住在同一个地球村里。人与人之间总是会存在某种程度上的交往，或在不同的时间、空间下。

我们从出生到死亡，都在不停地与人交往。自己的朋友中，有些是兴趣相投，有些是个性相合，有些是性格互补，有些是利益共生，有些是酒肉朋友，有些是心灵相犀……

很多时候，我们可以从对方的交际圈中看出对方的为人、身份地位、层次背景甚至是其内心世界。

他经常与什么人交往，与哪些人打交道，与哪类人接触，往往能反映出他是个什么样的人，正所谓近朱者赤，近墨者黑。

可见，经常接触什么人、做什么事，对一个人的影响有多大。很多人在不良环境的影响下，在不良朋友的带动下，慢慢沉沦，走上歧途。

而一个长时间生活在良好环境下的人，受过良好教育，有着温暖家庭，每天与善良、有涵养、有品位的人打交道，他会是一个善良、忠厚、有素养、有爱心、品质好的人——当然我们也不排除有些人因为某些特殊因素受到特别的打击或者诱惑而改变。

我们都同处在这个小小的世界中，随着岁月中的不同经历，逐渐形成了自己的交际圈，在这个圈里，大家都共生在一条链子上，总是相互连接。古语云："物以类聚，人以群分"，"道不同，不相为谋"。我们要善于从结交的朋友中、经常接触的同伴中，判断出他是一个什么样的人，他的秉性风格、趣味爱好、身份地位、受教育程度、素养等等。

偏见是一座"山"——刻板效应

有些人总是习惯于把人进行机械的归类，把某个具体的人看作是某类人的典型代表，把对某类人的评价视为对某个人的评价，因而影响正确的判断。刻板印象常常是一种偏见，人们不仅对接触过的人会产生刻板印象，还会根据一些不是十分真实的间接资料对未接触过的人产生刻板印象。例如：老年人是保守的，年轻人是易冲动的；北方人是豪爽的，南方人是善于经商的；英国人是保守的，美国人是热情的，等等。这些都是人们在不进行具体分析的情况下，以偏概全，人云亦云，在头脑中所形成的刻板印象。

人们运用这些刻板印象去判断别的现象，在心理学上，我们称之为刻板效应。刻板效应，又称定型效应，是指人们头脑中存在的，关于某个人、某一类人的固定印象，以此固定印象作为判断和评价人的依据的心理现象。俗话说："一杆子打翻一船人。"这就是刻板效应的典型表现。

苏联社会心理学家包达列夫做过这样的实验：

将一个人的照片分别给两组被测试者看，照片的特征是眼睛深凹，下巴外翘。向两组被测试者分别介绍情况，给甲组介绍情况时说"此人是个罪犯"，给乙组介绍情况时说"此人是位学者"，然后，请两组被测试者分别对此人的照片特征进行评价。

评价的结果是，甲组被测试者认为：此人眼睛深凹表明他凶狠、狡猾，下巴外翘反映出其顽固不化的性格。乙组被测试者认为：此人眼睛深凹，表明他具有深邃的思想，下巴外翘反映出他具有探索真理的顽强精神。

为什么两组被测试者对同一照片的面部特征所做出的评价竟有如此大的差异？原因很简单，是人们对社会各类的人有着一定的定型认知。把他当罪犯来看时，自然就把其眼睛、下巴的特征归类为凶狠、狡猾和顽固不化，而把他当学者来看时，便把相同的特征归为思想的深邃性和意志的坚韧性。刻板效应实际就是一种心理定势。

在日常生活中，我们的眼睛和头脑的联合作用往往导致我们出现错误的认知判断。这是一种非常普遍的偏见。

刻板效应的产生主要有两个途径：一是直接与某人、某群体接触，将其特点固定化；二是由他人间接信息影响形成。间接的信息影响是刻板效应形成的主要原因。虽然从某种程度上看，刻板效应有一定的道理，但它毕竟是一种概括、抽象且笼统的看法，不能代替每一个活生生的个体，容易导致以偏概全、一斑窥豹的失误，进而导致人际交往的失败。由于它通常不是以直接经验或者事实材料为依据，仅仅单纯地凭借一时的偏见或者道听途说、人云亦云而形成的，通常与事实并不相符，有时候甚至是完全错误的。

它常常造成我们的认知偏差和偏见，影响我们的判断，误导我们的思维，导致我们不能客观公正地评价具体的个人。

每一个人都是一个完整的生命体，都是独一无二的。世界上不会有两个完全相同的人，我们每一个人都是与众不同的，有着独特的人生经历，相异的个性特征，独立玄妙的内心世界。别让刻板印象蒙蔽了我们的眼睛，用心看待每一个具体的人。

让他自己暴露心境——投射心理

人们或多或少都有一些投射心理,所以在某些情况下,可以凭借某人对外物的看法来推测他的内心世界。如:经常疑心别人打他小报告的人,十之八九心里有鬼,很大可能他曾在背地里打过别人小报告;总觉得别人都在骗他,都是心怀不轨、居心不良者,我们很难推断他是个生性乐观、真诚善良的人;而对于那些无论看待谁都觉得是好人,无论发生什么事都爱往好处想的人,很有可能是在善良愉快的环境下成长起来的幸运儿。

一般说来,投射心理主要在以下两种情况中发生:

第一,对方的年龄、职业、社会地位、身份、性别等与自己相同。人们总是相信"物以类聚,人以群分",认为同一个群体的人总是具有某些共同的特征。因此,在认识和评价与自己同属一个群体的人的时候,人们往往不是实事求是地根据自己观察所得到的信息来做判断,而是想当然地把自己的特性投射到别人身上。另外,人们总是喜欢评价与自己有某些相同特征的人,习惯与这些人进行比较。但是,人们又不希望自己在比较中总是落败,处于不利之地。而投射心理在此正好起了一个保护作用,把自己的特点投射到别人身上,自己和别人就都一样了,没有什么区别,自己不错,别人也差不多。

第二，当人们发现自己有某些不好的特征时，为了寻求心理平衡，就会把自己所不能接受的性格特征投射到别人身上，认为别人也具有这些恶习或观念。俗语"五十步笑百步"说的就是这种情况。自己因为临阵逃脱而觉得难堪，心理上很不舒服，突然发现别人比自己逃得更远，便大肆嘲笑，以减轻自己心里的不安。这时候，投射心理也是一种自我保护措施。这样做可以保证个人心灵的安宁，但往往影响自己对人和事的正确判断。在这种时候，人们更喜欢把自己所具有的那些不好的特征投射到自己尊敬的人或者比自己强得多的人身上。这样一来，心里的不安就会大减，因为强者尚且不可避免地具有这些不好的特征，何况我一个无名小卒？

宋代著名文学家苏东坡和高僧佛印是多年好友。

一天，苏东坡去拜访佛印，两人相对而坐，谈论佛法诗词，甚是欢畅。席间，佛印道："我看你像一尊金佛。"苏东坡听了一乐，却对佛印开玩笑说："我看你是一堆狗屎。"佛印微笑不语。

苏东坡非常得意，以为自己这次终于占了佛印的便宜，于是回家后迫不及待地向妹妹炫耀此事。

他没想到的是，妹妹听后却皱起了眉头，想了一想说道："哥哥，你又输了。佛家说'佛心自现'，你看别人是什么，就表明你自己是什么。"

正是由于投射心理的存在，我们可以从一个人对别人的看法中，推测出这个人的真心意图和心境。

人都有七情六欲，总是有一些共同的需要。而同处于一个社会，具有相同的身份地位、生活经历的人则具有更多的共性。因此，投射心理在很多时候都还是比较准确的，但是不要忘了"人心不同，各如其面"。人与人毕竟是不同的，不考虑个体差异，胡乱地投射一番，就会出现错误。

每个人的成长背景、生活环境、受教育程度、人生经历都各不相同，人生观、价值观、对事物的看法、处理问题的方法、看待世间万物的角度都是独特的。别人永远不是自己的复制品，不可能和自己的所思所想完全一样。正因为此，世界才多姿多彩，充满碰撞的因子，才是奇异的花园、创造的王国。

我们在日常的人际交往中，要看到这些差异，尊重这些不同，利用人普遍存在的投射心理，揣测出他的真实意图和心境。

第三章

社交心理学

一分钟亮出自己——自我展示

当今社会，你必须拥有一分钟展现自我的本领。就在一瞬间，别人就喜欢或讨厌你了。

一位曾经留学国外的老师在给国内学生授课时，讲过这样一个真实的故事。他说他初到国外的时候，发现大学生每次上课前总要先拿一张硬纸，再用颜色鲜艳的笔在其上面郑重其事地写上自己的名字，然后对折一下，让这张硬纸站立在桌面显眼的位置上。他对此疑惑不解，就问坐在旁边的同学。同学告诉他，给他们讲课的教授一般都是知识渊博、地位很高的社会名流，而这对他们来说就意味着机会——因为在讲课时，教授会不时地叫学生回答问题。让写有自己名字的硬纸站立在桌面显眼位置，就意味着自己将会有多次被教授提问而展示自己才华的可能，从而在毕业时获得被教授推荐的机会。而他在后来也确曾多次耳闻目睹过，教授推荐充分展示自己才华的学生的事情。

有的人为什么一看一听就给人好感，而有的人从衣着、表情、声音、行动上就使人不以为然？如果知道怎么使别人喜欢自己，在工作和人际交往上是有很大好处的，会获得很多帮助和机会。

20 世纪 40 年代以后，由于美国冷冻凝缩技术的发展，出现了罐头橘汁，其能保持水果原汁的营养价值和水果的大部分味道，而且比鲜橘子汁更便宜，并一年四季都可以饮用。但问题是美国人喝橘汁的习惯是一天一次，只在早饭时喝少许。因此，要扩大销路，首先必须改变美国人这个习惯。为此，20世纪60年代美国橘汁生产商们开始广泛利用电视广告进行宣传。广告用特写镜头展示人们饮用橘汁时感到凉爽宜人、神清气畅的情景，且用大杯饮，并提出这样的口号："它不再只是吃早饭时饮用""橘汁会使你潇洒"。经广告宣传，橘汁终于得到了认可，其销量也大幅提升。

那么，作为一个人，我们是否也需要为自己的优点和长处做些广告呢？由于人们的思维定式，很多时候可能会对你的优点视而不见，也有可能会用老眼光来看待你。改变自己在别人心中形象的最好方法就是争取到表现自己的舞台，这需要智慧，更需要勇气。

一个有才干的人能不能得到重用，很大程度上取决于他能否在适当场合展示自己的本领，让他人赏识。如果你身怀绝技，但藏而不露，他人就无法了解，到头来也只能空怀壮志、怀才不遇。而有积极表现欲的人总是不甘寂寞，喜欢在人生舞台上唱主角，寻找机会表现自己，让更多的人认识自己，让伯乐选择自己，使自己的才干得到充分发挥。从一定意义上说，积极的表现欲是推销自己的前提。

比如，某企业新来三位大学毕业生，其中有一位敢想敢说，表现欲较强，事事走在前面，有出众的表现，在领导眼中他是个人才。他不负众望，策划了几次重大公关活动，为企业打开局面做出了贡献。不久他被任命为这个企业最年轻的经理。相反，与他同来的另外两位毕业生，在学校时成绩很突出，是高材生，但是因没有出众的表现，工作平平，始终没有大的发展。他们之间的距离渐渐地拉开了。在这里，不能不说表现欲的强弱是一个重要的制约因素。在激烈竞争的社会里，缺乏表现欲的人是很难把自己推销到关键岗位上去的。

每个人都有一定的长处，但这些肯定不是"伯乐"一眼就能看出来的，更多的还是要靠"千里马"自己来展示。譬如，你突出的管理才能、你优美的文采等等，都要靠自己展现出来，才能让别人信服。许多人不善于亮出自己，以至于对待机会像小孩儿玩沙子，小手捧满沙子，然后让沙粒落下，一粒接一粒，直至全部落光。

抓住机会，亮出自己，是迈向成功的第一步。

初次见面，请多关照——首因效应

一个新闻系的毕业生急于寻找工作。一天，他到某报社对总编辑说："你们需要一个编辑吗？"

"不需要！"

"那么记者呢？"

"不需要！"

"那么排字工人、校对呢？"

"不，我们现在什么空缺岗位也没有了。"

"那么，你们一定需要这个东西。"说着他从公文包中拿出一块精致的小牌子，上面写着"额满，暂不雇用"。

总编辑看了看牌子，微笑着点了点头，说："如果你愿意，可以到我们广告部工作。"

这个大学生通过自己制作的牌子，表现出的机智和乐观，给总编辑留下了美好的"第一印象"，引起对方极大的兴趣，从而为自己赢得了一份满意的工作。

当我们进入一个新环境，参加面试或与某人第一次打交道的时候，常常会听到这样的忠告："要注意你给别人的第一印象！"

第一印象，又称为初次印象，指两个素不相识的陌生人第一次见面时所获得的印象。那么，第一印象真的有那么重要，以至在今后很长时间内都会影响别人对你的看法吗？

心理学上有一个规律，在和陌生的人交往中，对方给我们的早期印象往往比较深刻。有这样一个心理学实验证明了这个规律。

心理学家设计了两段文字，描写一个叫吉姆的男孩一天的活动。一段将吉姆描写成一个活泼外向的人：他与朋友一起上学，与熟人聊天，与刚认识不久的女孩打招呼等；另一段则将他描写成一个内向的人。研究者让一些人先阅读描写吉姆外向的文字，再阅读描写他内向的文字；而让另一些人先阅读描写吉姆内向的文字，后阅读描写他外向的文字，最后请所有人来评价吉姆的性格特征。

结果，先阅读外向文字的人中，有78%的人评价吉姆热情外向，而先阅读内向文字的人，则只有18%的人认为吉姆热情外向。可见，人们在不知不觉中倾向于根据最先接收到的信息来形成对别人的印象。

由此可见，第一印象真的很重要。人们对你的某种第一印象，通常难以改变。而且，人们还会寻找更多的理由去支持这种印象。有的时候，尽管你表现的特征并不符合原先留给别人的印象，人们在很长一段时间里仍然要坚持对你的最初评价。第一印象在人们交往时所产生的这种先入为主的作用，被视为首因效应。

其实，人类有一种特性，就是对任何堪称"第一"的事物都具有天生的兴趣并对其有着深刻的记忆。承认第一，却无视第二。平常不经意间你就能列出许许多多的第一，如世界第一高峰、中国第一个皇帝、美国第一个总统、第一个登上月球的人等等,可是紧随其后的第二呢?你可能就说不上几个。

在生活中,人同样对第一情有独钟,你会记住第一任老师、第一天上班等等,但对第二就没什么深刻的印象。这就是首因效应的表现。

因此,我们要特别注意给别人的第一个印象,要争取在第一次亮相的时候,就展示出最有光彩的自己。

审美岂能疲劳——近因效应

生活里,我们总是强烈谴责喜新厌旧的人,认为他们的行为是不道德的。然而在交往中,其实很多人都有"喜新厌旧"的习性——比较重视新的信息,而忽略旧的信息。

新的信息比旧信息对于交往活动而言有更大的影响,突然的一个"信息"会使人们早已习惯的认识和印象发生质的飞跃,这和首因效应正好相反,在心理学上叫做近因效应。

那么首因效应和近因效应岂不是自相矛盾?其实,它们并不矛盾，而是各自有着适用的范围。心理学家告诉我们，一般当两种矛盾的信息连续出现时，首因效应突出；而当两种矛盾的信息间断出现时，近因效应更为明显。在与陌生人交往时，首因效应影响较大，而在与熟人交往时，近因效应则有较大影响。

生活中有许多近因效应的例子。比如某人犯了一个错误，人们便改变了对这个人的一贯看法。在朋友交往中，有时多年的友谊会因一次小别扭或误会而告终；夫妻之间吵架，一气之下可能忘记了对方过去的好处和恩爱，只想着离婚，这也是近因效应"惹的祸"。

近因效应还有一种表现就是，在人与人交往的过程中，往往最后一句话决定了整句话的调子。比如，老师跟学生说："随便考上一个学校，应该没有什么问题吧？录取率那么高。"或者说："录取率那么高，总能考上一个学校吧？"这两句话的意思是一样的，只因语句排列的顺序不同，给人留下的印象却全然不同。前者给人留下悲观的印象，后者则给人留下乐观的印象。

因为这个规律的存在，老师批评学生或上级批评下属时，也应该注意语句的先后顺序，尽可能使它产生一个良好的近因效应。比如在进行严厉批评后，我们不要忘了安抚对方的情绪："……也许，我的话讲得重了一点，但愿你能理解我的一番苦心。""……很抱歉，刚才我太激动了，希望你能好好加油！"用这种话做结束语，被批评者就会有受勉励之感，认为这一番批评虽然严厉了一点，但都是为自己好。

近因效应包含着人类喜新厌旧的本性。这就提醒我们人际关系是需要"保鲜"的——尤其是夫妻之间。我们大概都还记得电影《手机》中那句流行一时的台词:"在一张床上睡了 20 年,难免会有一些'审美疲劳'。"不管当初如何恩爱、如何甜蜜,如果不能经常保持新鲜感,近因效应会使我们忘记对方的好,开始喜新厌旧,甚至有移情别恋的可能。

物以类聚,人以群分——相似效应

心理学家做过这样一个实验:要求一些年轻人回忆他们结交的一位最亲密的朋友,并列举这位朋友与他们自己有哪些相似之处与不同之处。大多数人列举的是他的朋友与他的相似之处,例如"我们性格内向、诚实,都喜欢欣赏古典音乐","我们都很开朗、好交际,还常常在一起搞体育活动",等等。

自古就有一种说法叫"臭味相投",还有一句俗语叫"物以类聚,人以群分",说的都是人们与和自己相似的人容易看着顺眼,容易成为朋友。

在中国古代，钟子期和俞伯牙的友谊非常有名。钟子期拥有出神入化的琴技，而只有俞伯牙能听出他琴技的高妙，于是二人成为知己。后来俞伯牙在政治斗争中被杀，钟子期非常伤心，竟然立誓终生不再弹琴。

钟子期、俞伯牙之所以拥有超乎寻常的友情，就是因为他们有个相似的特点——对音乐高超的鉴赏力。因为无人能取代俞伯牙，所以他在钟子期心中的地位是独一无二的。

相反，如果志趣不投，人和人就不容易成为朋友；即使本来是朋友，发现志趣各异，也会形同陌路。

在日常生活中我们也经常可以看到，人生观、宗教信仰、对社会时事看法比较一致的人更容易谈得来，感情更融洽。相似性包括很多方面，如态度、信念、兴趣、爱好和价值观等。同年龄、同性别、同学历和相同经历的人容易相处；行为动机、立场观点、处世态度、追求目标一致的人更容易相互扶持……

那么人为什么会喜欢与自己相似的人呢？

首先，人们与和自己持有相似观点的人交往时，能够得到对方的肯定，便会增强"自我正确"的安心感。两人之间发生争辩的机会较少，容易获得对方的支持，很少会受到伤害，比较容易有安全感。

其次，相似的人容易组成一个群体。人们试图通过建立相似性的群体，以增强对外界反应的能力，保证反应的正确性。人在一个与自己相似的团体中活动阻力会比较小，活动更容易进行。

优势互补，皆大欢喜——互补定理

在生活中我们可以发现，不仅特征相似的人会相互吸引，有时候一些彼此差异较大的人，也能够建立起较为亲密的关系。在需求、兴趣、气质、性格、能力、特长和思想观念等方面，如果存在差异，而双方的需求和满足途径又正好成为互补关系，就可以产生相互吸引的关系。这证明人不仅有认同的需要，也有从对方获得自己所缺乏的东西的需要。

那么互补定理和相似定理是否矛盾呢？它们并不矛盾，因为差异并不一定都能形成互补。互补定理的前提是交往双方都得到满足，如果不能满足这一要求，那么相反的特性就不能够产生互补，甚至还产生厌恶和排斥。比如高雅和庸俗、庄重和轻浮、真诚和虚伪等等，这些就只能造成"道不同者不相为谋"。

或者说，形成相似定理的那些条件往往是大的方面，比如人生观、做人处世原则、人生追求等等。这些如果不同，就难以理解，不容易吸引。而形成互补定理的，往往是相对较小的方面，比较具体的特征。就像人们常说的："该相似的地方相似，该互补的地方互补。"

互补定理一般可分为两种情况。一种是：交往中的一方能满足另一方的某种需要，或者弥补某种短处，那么前者就会对后者产生吸引力。如能力强、有某种特长、思维活跃的人，对能力差、无特长、思维迟缓的人来说，就具有吸引力；依赖性特别强的人愿意和性格独立的人在一起；脾气暴躁的人和脾气温和的人能够成为好朋友；支配型的人和服从型的人能够结为秦晋之好。试想，如果两个支配型的人结为夫妻，那家中还能有太平吗？

另一种是：因为别人的某一特点满足了你的理想，增加了你对他的喜欢程度。比如一个看重学历的人，自己又没有获得高学历的机会，会很看重学历高的朋友等等。

任何人都具有与生俱来的一些缺点，而且性格不是那么容易改变。为了弥补自己的不足，我们往往在寻求生活伴侣和事业伙伴时，注意寻找能弥补自己缺点的人。

在事业的合作上，寻找和自己互补的人是非常重要的。

最初，比尔·盖茨亲手经营微软公司，时间长了，他逐渐发现自己在管理方面欠缺某种能力，并且他真正的兴趣是在软件开发上，所以他日益感到分身乏术、力不从心，工作兴趣也下降了很多。这使他逐渐认识到管理方面需要有专门的人才，于是他找到了大学时的同学鲍尔默。鲍尔默正好是管理方面的天才。他热情万丈，善于影响别人，善于调动职工的积极性，在领导者位置上如鱼得水。

对于比尔·盖茨来说烦琐乏味的管理工作，对于鲍尔默而言却是乐趣无穷。这就形成了很好的互补关系，强强联合，缔造了微软的成功。

爱人者恒被爱——相互吸引定律

心理学的研究表明，我们通常喜欢的人，是那些也喜欢我们的人。他（她）不一定很漂亮或很聪明，或者很有社会地位，仅仅是因为他（她）很喜欢我们，我们也就很喜欢他（她）。这叫作相互吸引定律。

这种情况并不奇怪，符合人的自我中心的本性。人大概都有一些自恋，也就是喜欢自己。这个世界上，你最爱的人是谁？恐怕大部分人都会回答是自己。人们都把自己当成世界的中心，作为衡量一切的标准。

为什么说这条定律是来源于人的自恋心理呢？因为当人们发现一个人喜欢自己，不管对方客观情况是怎样，是否具有让自己喜欢的特点，都会无条件地比较喜欢对方。人们大概是想象，既然对方喜欢自己，那么一定是他在某些方面和自己相似，认可自己的为人或某些特点，那么自己有什么理由不同样喜欢对方呢？

这种心理定律在某种程度上也和人们的缺乏自信有关。

一个人如果自我尊重程度较高，较为自信，那么别人表示出来的对他的喜欢和赞扬，对他的影响就不是很大，人际吸引的相互性原则对他的作用也就不是很大。而那些具有较低自我尊重的人，往往不喜欢那些给他们否定性评价的人，因为他不自信，所以特别需要别人的肯定，特别看重别人对自己的喜欢。

在实际生活中，严格地讲，没有人是完全自信的，因此大多数人都需要别人对自己的肯定。

这样说来，那些喜欢我们的人、对我们好的人，自然会更容易赢得我们的喜欢，无论他在客观上是怎样的人。当然，这里说的是通常的情况，不包括全部。

你可以想想身边的人，你想过你喜欢的人通常具有哪些特征吗？你喜欢他们是因为他们的外貌，还是内在的智慧？或是因为他们显赫的社会地位？

我们为什么会喜欢那些喜欢我们的人呢？也许是因为喜欢我们的人能使我们体验到一种愉快的情绪，一想起那些人，就会想起和他们交往时，那种被喜欢着、被爱着的快乐，这使得我们一看到他们，自然就有了好心情；而且，那些喜欢我们的人使我们受尊重的需求得到了满足。因为他人对自己的喜欢，是对自己的肯定、赏识，表明自己对他人或者对社会是有价值的。

有些人很善于利用这个心理定律赢得别人的好感。那就是，为了得到别人的认可，就表现出喜欢对方的样子。比如推销员，他每天要面对许多从未谋面的人，他也许并不了解那些人，但是，他必须表现出对对方的喜欢，这是为了让对方也喜欢他、接受他，他的生意才好做。

可以说，这个定律在社交场合中很具有实用价值。这是赢得别人好感的捷径。你可以经常表现出对别人的兴趣，这就表明对对方有好感，就很容易赢得对方同样的情感回报。

在生活中，有很多这样的情况，就是两个人的相互喜欢是由一个人对另一个人单方面喜欢开始的。比如一个女孩开始时对一个男孩并没有多少好感，但是这个男孩子表现出了对她特别喜欢的态度，久而久之这个女孩也对这个男孩动心了，最后接受了他的追求。

当然，这个定律也不是绝对的。有时我们喜欢某个并不喜欢我们的人，相反，我们不喜欢的人有时却很喜欢我们。我们只能说在其他方面都相同的情况下，人有一种很强的倾向，喜欢那些喜欢我们的人，即使他们的价值观、人生观都与我们不同。

得人好处想着回报——互惠定律

一位心理学教授做过一个小小的实验，解释了这个定律。他在一群素不相识的人中随机抽样，给挑选出来的人寄去了圣诞卡片。虽然他也估计会有一些回音，但却没有想到大部分收到卡片的人，都给他回了一张。而其实他们都不认识他。

给他回赠卡片的人，根本就没有想到过打听一下这个陌生的教授到底是谁。他们收到卡片，自动就回赠了一张。也许他们想，可能自己忘了这个教授是谁了，或者这个教授有什么原因才给自己寄卡片。不管怎样，自己不能欠人家的情，要给人家回寄一张，总是没有错的。

这个实验虽小，却证明了互惠定律的作用。当从别人那里得到好处，我们总觉得应该回报对方。如果一个人帮了我们一次忙，我们也会帮他一次，或者给他送礼品，或请他吃饭。如果别人记住了我们的生日，并送我们礼物，我们对他也会这么做。

一个人向朋友请教一件事，两人聚会吃饭，那么账单就理所当然应由请教的这个人付，因为他是有求于人的一方。如果他不懂这个道理，反而让对方付，就很不得体。

在不是很熟悉的朋友之间，你求别人办事，如果没有及时回报对方，下一次又求人家，就显得不太合情理。因为人家会怀疑你是否有回报的意识，是否感激他对你的付出？及时地回报可以表明自己是知恩图报的人，有利于相互之间继续交往。

如果不及时回报，会给你带来一些麻烦。你一直欠着这个情，如果对方突然有一件事反过来求你，而你又觉得不太好办的话，就很难拒绝了。

当然，在关系很亲密的朋友之间，不一定要马上回报，那样反而可能显得生疏。但也不等于不回报，只是时间可能拖得长一些，或赶到机会再回报。

朋友间维护友谊遵循着互惠定律，爱情也是如此。其实世上没有绝对无私奉献的爱情，不像歌里和诗里表现的那样。爱情也是讲求互惠互利的，双方需要保持一个利益的平衡。如果平衡被严重打破，就可能导致关系破裂。

人与人之间的互动，就像坐跷跷板一样，要高低交替。一个永远不肯吃亏、不肯让步的人，即使真正得到好处，也是暂时的，他迟早要被别人讨厌和疏远。

好氛围有助交际成功——氛围定律

如同电影中需要通过背景音乐来渲染气氛一般,在人际交往的场合,也往往需要营造一点氛围,它好似交际中的润滑剂,能使交际顺利地进行下去。

一位专家应一个学术会议之邀做一个讲座。他到会才发现,现场人很少,只有十多人。他有点尴尬,但不讲又不行,于是他随机应变,说:"会议的成功不在人多人少,今天到会的都是精英,我因此更要把课讲好。"

这句话把大家逗得开怀大笑,这一笑,激活了气氛,再加上专家讲课充满激情,那一次讲座非常成功。

在演出和演讲的现场,气氛异常重要。气氛热烈,观众爆满,才容易促成演讲或演出的成功。如果没有营造出比较热烈的气氛,显得冷场的话,无论你的演讲内容多么精彩,恐怕也会沦为失败的演讲,不能达到很好的宣传效果。而当场面不理想的时候,演讲者或演员如果能像上面故事中随机应变的专家那样,进入角色,投入激情和技巧,给观众一个积极刺激,就可以将冰冷的气氛激活。

在交际活动中,如果把交际桌看成是会议桌,气氛就很难营造起来，也无法让对方投入。想要对方投入，一般靠自己的带引。

有一些人，他们可以在会议桌上非常严肃、非常理智，然而一旦到了社交场合，却又能放得很开，一副百无禁忌的样子。其实，他是在营造气氛。

气氛也常常靠物品来营造。比如春节前夕，人们看到家家户户贴的春联，自然会泛起一股欢快感。商家的门面在开张时，总要挂满彩旗，摆满亲朋好友所赠的花篮。

商家用这种手段就是为了招徕顾客，引人注目，以达到广告效应。这样除了为表达自己的某种心情外，更多的是给外界看，起到一种变相的广告宣传作用。

在两性的交往中，气氛对于男女感情的发展也是很重要的。心理学告诉我们，一定的色彩、气味、环境、形象或声音，能快速引发人的愉悦感。一般说来，情侣们都喜欢到幽雅、安静的地方交流，例如选择公园的一个角落、幽静的丛林中、树荫下的石椅或溪边的绿茵上。因为那里能接触大自然，让人心旷神怡，容易唤起对生命的热爱和美好生活的向往，双方可以尽情地倾吐心声。

学会信任和分享——团队协作

作为领导者，作为团队中的一员，我们对这种组织中的信任应做广义的理解，不仅包括对个人品质的信任，还包含对专业能力的信任。

从心理学角度来讲，如果团队成员对彼此的个人品质产生怀疑，相互之间就很难建立坦诚、互信的合作关系。同样，如对彼此的专业能力不放心，也势必不敢全身心地投入到所合作的事业上。所以，要赢得他人信任必须具备优秀的个人品质及过硬的专业技能。作为团队成员必须诚信、有责任感，对自己经手或承办的事诚信、负责，也对团队其他成员诚信、有责任感。时刻牢记自己是团队的一员，时刻牢记自己所从事的工作关系到整个团队目标的实现与否，关系到其他成员事业的成功与否。

在一个企业中，随着知识型员工的增加，每个成员的专长可能都不一样，每个人都可能是某个领域的专家。所以，任何成员都不能自恃过高，都应该保持足够的谦虚，并时常检查自己的缺点，不断完善自我。一个狂妄自大的员工很难获得他人的认可，难以融入整个团队中。诚信、有责任感、谦虚的个人品质或许足以赢得他人对你人品的信任，但不足以获得他人对你工作的信任。要获得他人对你工作的信任，还必须具备优秀的专业技能，故团队成员除了应修身养性外，还必须不断学习，提高工作技能，以便更好更快地实现团队目标。

信任是相互的，对于企业中的每个人来说，在赢得他人信任的同时也要信任他人。每个人都应具备豁达的胸襟，充分信任他人，认可他人的个人品质及专业素养。或许你认为他人在某些方面不如你，但你更应该看到他人的强项和优点，并对他人寄予希望。每个人都有被别人重视的需要，那些具有创造性思维的知识型员工更是如此。有时一句小小的鼓励和赞许就可以使他释放出无限的工作热情。

除了要信任别人之外，身为组织的一员，你还应当养成与别人互惠互助、一起分享胜利果实的好习惯，只有这样，才能够形成通力合作的组织氛围。

分享才能共赢。无论是在自然界还是在企业组织中，这个道理都是通用的。

大卫是一位果农，他培植了一种皮薄、肉厚、汁甜而少虫害的新果子。收获季节时，引来不少果贩纷纷购买，大卫发了大财。

当地不少人羡慕他的成功，也想借用他的种子来种果子，大卫认为物以稀为贵，其他人也种这种果子将会影响自己的生意，于是全部都拒绝了。别人没有办法，只好依旧用老种子。可是到了第二年果熟季节时，大卫的果子质量大大下降了，只好降价处理。

大卫想弄清楚产生这种现象的原因，就来找专家咨询。专家告诉他，由于附近都种了旧品种果子，而唯有他的是改良品种，所以，开花时经蜜蜂、蝴蝶和风的传播，把他的改良品种和旧品种杂交了，当然他的果子就变质了。

"那可怎么办？"大卫急切地问。

"很简单！只要把你的好品种分给大家共同来种，就行了。"

大卫立即照专家的说法办了。来年，大家都收获了好果子，个个都喜笑颜开。

互信才能合作，分享才能共赢。任何成功都是建立在互信合作的基础上的，任何成功都是团队智慧的结晶，是共同协作的结果。要更好地促进团队之间的合作，共同推进组织向前发展，我们就要学会信任和分享。

倾听也是一种交流——沟通效应

有一个年轻人向某位哲学家请教演讲术。为了表示自己有好口才，他滔滔不绝地说了许多话。最后，哲学家要他缴纳双倍的学费。

那年轻人惊诧地问道："为什么要我加倍呢？"

哲学家说："因为我得教你两样功课，一样是怎样闭嘴，另外才是怎样演讲。"

在日常的生活中，我们是不是有过这样的经历：自己滔滔不绝地讲个没完没了，而别人早已经厌烦了。当别人说话时，我们总喜欢打断别人，说自己感兴趣的话。有时候我们虽然在听别人说话，却心不在焉，不是打哈欠就是扣手指。

如果你希望别人喜欢你、尊重你，在背后称道你，这里有一个方法：耐心倾听对方的话，不管他说什么都兴味盎然，哪怕知道他将说什么也绝不打岔。

你将发现，即使一个最不讲道理、最顽固的人，也会在一个有耐心、有同情心的听者面前软化下来，变得乖顺。

人际关系学大师戴尔·卡耐基叙述了一个他亲身经历的小故事：

最近，我参加了一个桥牌集会。在场的一位金发女郎听说我过去在欧洲待过不少时间，休息时，她对我说："卡耐基先生，能给我谈谈欧洲吗？那里一定有许多美妙的地方和美丽的景色。"

我们在沙发上坐下来时，她说她和她的丈夫刚从非洲回来。

"啊，非洲！"我叫起来，"那地方太有意思了。我一直想看看非洲，可我始终没这缘分。你去过那个传闻中的狩猎王国吗？你太幸运了！能告诉我那里到底是怎么样吗？"

45分钟过去了。她再也没有问我到过什么地方，看到过些什么。事实上她并不想听我谈自己的旅行。她所要的只是一个有兴趣的听者。

分别的时候，她对主人说我是她所遇到的"第一位一见如故的朋友"，是"最谈得来的人"。

一个最谈得来的朋友？可我几乎没有说过什么话，我所做的只是专心地倾听。

我对非洲一无所知，就像我对企鹅解剖一窍不通一样。我真诚地对我不了解的事情感兴趣，这一点对方是能够感觉到的，所以她很高兴。

这种专心诚意地听别人讲话，正意味着给予别人以最大的赞美。这种"暗示性赞美"是人类隐秘的心理需求。

如何做到倾听对方呢？

要专心。倾听时要精神集中，神情专注。多与对方交流目光，别人讲话时要适时点头，并发出"是""对""哦"等应答。但不要轻易打断别人的谈话，也不要随便插话，若非插话不可，要先向对方表示歉意，并征得对方同意，如"对不起，我可以提个问题吗？"或"请允许我打断一下"。

要虚心。交谈中要尊重对方的观点，即使你不同意对方的看法，也不要轻易打断对方的谈话。如确有必要，需等对方讲完后再阐明自己的观点。特别是对方还没有充分地把自己的意思表达清楚的时候，不要轻易表态，乱下断语，也不要挑剔批评。

要耐心。交谈中要注意控制自己的情绪。有时会因为对方过长的发言或自己不感兴趣的话题而感到厌烦，这时要学会控制自己的情绪，不要表露出来，要耐心听对方把话讲完，这是对讲话人的尊重。特别是对方有意见的时候，要耐心倾听，给对方提供宣泄自己不满的机会，才有助于问题的解决。

敞开心扉给人好感——自我展示定律

从萍水相逢到变得亲密，直至建立友情，这其中的关系是如何发展的呢？一般情况下，与初次见面的人建立亲密关系的过程要经历以下阶段。

会面阶段。外在的要素和最初的印象是十分有影响力的。过了这一阶段，了解了对方的价值观，就进入了被称为价值台阶的阶段。这时的人一般会喜欢同自己的价值观相似的人来往。等变得更亲密时，就会产生分工，例如我挑选一起去的商店，你来计算钱。

那么，在这个阶段，为了和对方变得亲密，我们应该做些什么呢？实际上，向对方坦言自己的私生活或倾诉烦恼等行为可以迅速拉近人与人的距离。这样的行为被称为自我展示。

生活中有一些人是相当封闭的。当对方向他们说出心事时，他们却总是对自己的事情闭口不谈。但这种人不一定都是内向的人，有的人话虽然不少，但是从不触及自己的私生活，不谈自己内心的感受。

总体来说，一个人对他人的开放性体现在两个方面。一是由初次见面时待人接物的习惯所决定的，这被称为社交性。社交能力强的人擅于闲谈，但谈话中未必会涉及根本问题。二是由一个人是否愿意将自己的本意、内心展现给他人所决定的，这就是自我展示性。

和对方谈话时，内容会涉及工作、家庭、个人价值观等，我们还会自然地根据对方来选择谈话内容的范围和深度。比如，如果和同事谈论家庭的话题，因为和这个人仅是工作关系，所以谈话内容只是从工作扩展到家庭。同时，即使是同样的话题，谈到何种程度也表明了自我展示的深度。比如，如果从表面的家庭话题挖掘到深处的厨房琐事或烦恼，那么亲密度也会随之加深。人们是通过自我展示来调节人际关系的深度的。

社交性与自我展示性通常是完全独立的。有些人社交能力很强，他们可以饶有兴趣地与你谈论国际时事、体育新闻、家长里短，可是从来不会表明自己的态度。而你一旦将话题引入略带私密性的问题时，他就会插科打诨，或是一言以蔽之。可见，一个健谈的人也可能对自身的敏感问题存在相当强的抵触心理。相反，有一些人虽不善言辞，却总希望能向对方袒露心声，反而很快能与对方拉近距离。

人之相识，贵在相知；人之相知，贵在知心。要想与别人成为知心朋友，就必须表露自己的真实感情和真实想法，向别人讲心里话，坦率地表达自己，陈述自己，推销自己。这就是自我展示。

当自己处于明处，对方处于暗处时，一定会感到不舒服。自己表露情感，对方却讳莫如深，不和你交心，你一定不会对他产生亲切感和信赖感。当一个人向你表达内心深处的感受时，你可以感到对方信任你，想和你达到情感的沟通，这就会一下子拉近你们的距离。

在生活中，我们会发现有的人知心朋友比较多，虽然他外表看起来不是很擅长社交。这是为什么呢？如果你仔细观察，会发现这样的人一般都有一个特点，就是为人真诚，渴望情感沟通。他们说的话也许不多，但都是真诚的。他们有困难的时候，总能有人来帮助他，而且很慷慨。

而有的人虽然很擅长社交，甚至在交际场中如鱼得水，但是他们却少有知心朋友。因为他们习惯于说场面话，做表面功夫，交的朋友又多又快，感情却都不是很深。因为他们虽然说很多话，但是却很少暴露自己的感情。其实人都不傻，都能直觉地感到对方对自己是出于需要还是出于情感而来往。

每个人内心深处都有对情感的需要，就好像对食物的需要，是与生俱来的。情感纽带下结成的关系，要比暂时的利益关系更加牢固。

实际上，人和人情感上多少总会有相通之处。如果你愿意向对方适度袒露自己的内心，总会发现相互的共同之处，总能和对方建立某种感情的联系。对可以信任的人吐露秘密，有时会一下子赢得对方的心，赢得一生的友谊。

心理学家认为，一个人应该至少让一个重要的他人知道和了解真实的自我。这样的人在心理上是健康的，也是实现自我价值所必需的。

当然，自我展示不足虽然好，但过度也是不好的。总是向别人喋喋不休地谈论自己的人，会被他人看做是自我中心主义者。心理学家认为，理想的自我展示是对少数亲密的朋友做较多的自我展示，而对一般朋友和其他人做中等程度的暴露。而且，你也不一定要说你的秘密，在不太了解的人面前，我们可以交流一些生活中的不私密的情感，既给人亲近之感，又不会让自己处于不安全之中。

获取他人的感激心——面子效应

　　成功学大师卡耐基参加一个宴会，宴席中，坐在他右边的一位朋友讲了一段幽默的故事，并引用了一句话，大意是"谋事在人，成事在天"。那位健谈的朋友提到他所引用的那句话出自某本书。但卡耐基知道这位朋友说错了。

　　为了表现自己的博学，卡耐基忍不住纠正他。对方立刻反唇相讥："什么？出自莎士比亚？不可能！绝对不可能！"那位朋友有些恼怒。

　　当时卡耐基的老朋友正好坐在他旁边，他研究莎士比亚的著作多年，于是卡耐基就向他求证。老朋友在桌下踢了他一脚，说："戴尔，你错了，他是对的，这句话的确出自《圣经》。"

　　回家的路上，卡耐基对老朋友说："你明明知道那句话出自莎士比亚。"

　　"是的，当然。"他回答，"《哈姆莱特》第五幕第二场。可是亲爱的戴尔，我们是宴会上的客人，为什么要证明他错了？那样会使他喜欢你吗？他并没在征求你的意见，为什么不给人保留点脸面？"

　　无论你采取什么方式指出朋友的错误：一个蔑视的眼神，一种不满的腔调，一个不耐烦的手势，都有可能带来难堪的后果。

　　心理学研究表明，谁都不愿把自己的错误或隐私在公众面前曝光，一旦被人曝光，就会感到难堪或恼怒。因此，在社交中，如果不是为了某种特殊需要，一般应尽量避免触及对方所避讳的敏感区，避免使对方当众出丑。

　　在社交中谁都可能不小心失误，比如念错了字，讲了外行话，记错了对方的姓名职务，礼节失当，等等。

　　当我们发现对方出现这类情况时，只要是无关大局，就不必对此大加张扬，使本来已被忽视的小过失一下变得显眼起来。更不应抱着讥讽的态度，小题大做，拿人家的失误在众人面前取乐。

　　因为这样做不仅会使对方难堪，伤害他的自尊心，让他对你心生反感，也容易使别人觉得你为人刻薄，在今后交往中对你敬而远之，产生戒心。

让对方不知不觉喜欢你——多看效应

心理学家查荣茨做过这样一个实验：先向被试者出示一些照片，有的出现了二十多次，有的出现了十多次，有的只出现了一两次，然后请被试者评价对照片的喜爱程度。

结果发现，被试者更喜欢那些看过很多次的熟悉照片，而非那些只看过几次的新鲜照片，也就是说，随着观看次数增加亦随之增加喜欢的程度。

这种对越熟悉的东西就越喜欢的现象，心理学上称为"多看效应"。

有心理学家为了证明这个效应，也做过一个实验：在一所大学的女生宿舍楼里，他们随机找了几个寝室，发给她们不同口味的饮料，然后要求这几个寝室的女生可以以品尝饮料为理由，在这些寝室间互相走动，但见面时不得交谈。

一段时间后，心理学家来研究她们之间熟悉和喜欢的程度。结果发现：见面的次数越多，相互喜欢的程度就越大；见面的次数很少或根本没有，相互喜欢的程度就较低。

闭上眼睛，仔细回想一下，我们对有些人的印象一般，但是随着经常的接触，是不是会越看越顺眼，甚至会越来越喜欢？

有些人我们第一次见可能觉得她不漂亮，不是自己喜欢的类型。但是天天见，时间长了，是不是也会越看越觉得她很漂亮、很可爱？

可见，若想增强人际吸引，就要留心提高自己在别人面前的熟悉度。

当一个男生喜欢一个女生的时候，就可以时不时地故意制造见面的机会。假如她经常去某个餐厅吃饭，你就故意也在那个时间点去同家餐厅吃饭，"嗨，这么巧，你也来这儿吃饭呀？"

试想，你每天都这样见到她，在她旁边吃饭，再时不时地和她探讨问题，送她上班或回家。她会对你的印象越来越深，很可能会不知不觉地喜欢上你。

假如你想得到领导的重视和赏识，就有必要经常向领导汇报工作。工作一开始，就要先汇报；工作进行到一定阶段，要按时汇报；进行到一定程度，要及时汇报；工作完成则要立即汇报。

这样经常性地汇报，与领导接触的机会就多了，见面的次数也就多了，让领导了解你的机会也多了，你赢得信任、获得任用的机会也就多了。

第四章

情绪心理学

出门看天色，进门看脸色——好心情定律

众所周知，有些人的心情会随着天气好坏而变化。心理学家通过实验发现，天气越好，人的心情就越好，同时也变得更加容易帮助别人。而且在晴天里，人们到餐厅里用餐时，给的小费比阴雨天多。

当然影响人的心情的因素有许多，有时就是很小的一件事也可能左右人的情绪。

比如，什么情况下会变得更加乐于助人？心理学家对此做了个实验。他们故意在公用电话里放置了一枚硬币，假装是前一个人忘掉的。随后来打电话的被测试者忽然发现了这枚硬币，感到非常高兴。

这时，试验者抱着一堆书籍从他跟前走过，故意让一本书突然掉到地上。而刚从电话亭里出来的被测试者，大多会帮助捡起地上的书。而对于没有捡到额外钱币的人，帮助陌生人捡书的概率则小得多。这很明显地证明了，心情好的确使人更爱助人。

其实我们每个人大概都有过类似的体会。当你遇到一件好事，顿时觉得生活特别美好，觉得自己非常幸运。这种情况下，为什么不能帮助那些不如你那么幸运的人，为什么不能让世界有更多的美

好呢？似乎好心情有一种惯性。

有很多人懂得这个心理定律，总是在别人喜事临门、有意外收获的时候，让别人请客，或帮忙做一些事。当然这个人比平时更愿意帮忙。

比如，一位主管成功连任，他肯定高兴。你拿着过去很长时间里他都没来得及批的一项申请报告请他在上面签字，他多半会爽快答应。这也是好心情定律使然。

因此，要记住，在别人心情好的时候请求帮助，很可能会让你如愿以偿。这个定律反过来就是，对方心情不好时，本来挺简单的事，他可能也不肯帮你的忙。所以人们爱说"出门看天色，进门看脸色"，就是教人们看别人的脸色再对人采取合适的策略。

颜色对心理的影响——色彩心理学

每当我们仰头看着湛蓝的天空，不能不佩服大自然的神奇造化。蓝色是多么宁静，令人神清气爽啊！我们能够想象天空要是红色的会怎么样呢？想一想，每天头上顶着鲜红的天空，我们的心情会怎样吧！恐怕我们要经常充满激情，甚至躁动了。蓝色的天空中飘浮着白云，是多么美的图画！还有绿色的树木，据科学家研究发现，绿色是令眼睛放松的颜色，对视力比较有好处。而鲜花大多是红色、黄色、白色等五彩斑斓的，那些或鲜艳或素淡的颜色，对世界构成美妙的点缀，使我们感受到这个世界的多姿多彩。

我们每个人恐怕都不会对颜色麻木不仁。不同的颜色会给我们不同的心情，这是每个人都能体会到的。比如我们会根据不同的心情和个性选择不同颜色的衣服。颜色对人的心理影响是多方面的，例如不同色调的画作和摄影作品，会使我们感受到不同的心情。还有，房间里墙壁刷上不同的颜色，也让我们有不同的感觉。

总之，这些都说明颜色具有影响人情绪的特性，有的时候这种影响是至关重要的。

国外曾发生过一件有趣的事：伦敦泰晤士河上，有一座叫波利菲尔的大桥十分"有名"。它的出名之处不在于桥的设计和外观，而在于每年都有很多人在这里投河自尽，民间盛传这座桥上总是有"幽灵"游荡。

由于自杀的数目太惊人，伦敦政府希望皇家医学院研究人员帮助寻找原因。皇家医学院的普里森博士提出，自杀与桥是黑色的有很大的关系。政府采用普里森博士的建议，把桥身的黑色换成了绿色。当年，跳桥自杀的人数减少了 56%。

为什么当桥的颜色从黑色变成了绿色能发生这么大的改变呢？这要从色彩对人的心理影响谈起。

心理学家发现，当人看不同颜色的时候，自然就会联想到一些别的东西。比如，看到蓝色我们会想到天空，看到红色会想到血液，看到绿色会想到草地……而这些不同的联想，形成我们对不同颜色的感觉。当我们看到一种颜色的时候，除了颜色本身，我们还会感受到冷暖、远近和轻重，这就是心理上的错觉。通过联想，色彩也就影响了我们的情绪。

现在我们可以解释为什么黑色的大桥会让失意人产生自杀心理了。黑色本身给人的感觉就是黑暗、肃静，进而引起心理上的压抑。而这种压抑正好对那些想自杀的人起到了催化作用，让他们沉浸在绝望之中，在黑暗的暗示下跳了桥。而当黑色换成了绿色，桥的黑暗和压抑的成分就消失了，绿色代表的生机勃勃和希望，无形中打消了自杀者压抑和悲观的情绪。

心理学家对颜色与人的心理进行的研究表明，在一般情况下，红色表示快乐、热情，它使人的情绪热烈、饱满，激发爱的情感；黄色表示快乐、明亮，使人兴高采烈，充满喜悦；绿色表示和平，使人的心里有安定、恬静、温和之感；蓝色给人以安静、凉爽、舒适之感，使人心胸开朗；灰色使人感到郁闷、空虚；黑色使人感到庄严、沮丧和悲哀；白色使人有素雅、纯洁、轻快之感。

各种颜色都会给人的情绪带来一定的影响，使人的心理活动发生变化。

在临床实践中，学者们对颜色治病的效用也进行了研究，效果是很好的。高血压病人戴上烟色眼镜可使血压下降；红色和蓝色可使血液循环加快；病人如果住在涂有白色、淡蓝色、淡绿色、淡黄色墙壁的房间里，心情会很安定、舒适，有助于健康的恢复。

颜色对人的脉搏和握力都有一定影响。实验证明，人在黄色的房间里脉搏正常，在蓝色的房间里脉搏减慢一些，在红色的房间里脉搏增快很明显。

法国生理学家实验发现，在红色光的照射下，人的握力比平常增强一倍，在橙黄色光的照射下，手的握力比平常增强一半。

由此可见，颜色不但可以影响人的情绪，而且还对人的健康产生影响。

一方水土养一方人——天气心理学

由于天气变化而造成的情绪变化，我们不能简单地归结为多愁善感。因为科学家已发现，在气候特别寒冷的地带，人们在冬天的情绪会更忧郁、低落，而情绪低落的主要原因就是缺少阳光。此外还会出现疲劳、嗜睡，喜欢吃大量含碳水化合物的食物等。

精神治疗专家发现，人的情绪或多或少地会受到天气的影响。

如果一个人对天气变化，特别是坏天气的反应强烈，常常会表现出种种不适症状：疲倦、虚弱、健忘、眼冒金星、神经过敏、情绪低落、工作提不起精神、睡眠不好、偏头痛、注意力不集中、恐惧、冒汗、没有食欲、肠胃功能紊乱、神经质、易激动等等。

环境心理学的研究指出，温度与暴力行为有关，夏日的高温可引起暴力行为增加。但是当温度达到一定点时再升高则不易导致暴力行为发生，而导致嗜睡。温度也和人际吸引有关，在高温室内的被试者，比在常温室内的被试者更容易对他人做出不友好的评价。

我们都知道，"万物生长靠太阳"。植物往往有向光性，人也是一样。一般来说，选择阳光充足的居所对人比较有利。因为光是温度、土壤、植物、水、空气的轴心。

有心理学家研究表明，在日光灯中加入类似太阳光的紫外线对健康有好处；让自闭者生活在光线较充足的地方，自闭行为会减少一半，还会增加许多与人互动的行为。而灯光不足会造成视觉疲劳、反胃、头痛、忧郁、郁闷等行为反应。研究甚至发现人在日光灯下与太阳光下的工作效率不同。在阳光充足的地方，孩子显得更加活泼有劲。

在法国，一年有一段很长时间的阴雨天气，导致了抑郁症患者增加。于是许多治疗机构创造性地采用人造阳光治疗法，就是用光照来治疗这些等不及阳光出现的病人，具有明显的疗效。

长时间的天气特征会形成气候。研究发现，一个人性格的形成，和他生活地区的气候有直接的关系。这也是因为天气影响到人的心情，天长日久，就影响了性格。所谓"一方水土养一方人"，几乎每个人都无法完全摆脱天气环境的影响。

一般来说，长期生活在热带的人，性格比较暴躁、易怒；生活在纬度高的寒带，气候寒冷、阳光稀少，是抑郁症的高发区；而在气候湿润、生机盎然的水乡，人会多情、反应机敏。草原上的牧民大多为人豪放；山区的人多是性格率直。秋高气爽的气候被认为最适合创作——长年居住在15—18摄氏度环境中的人，头脑较为发达，文学艺术的成就比较突出。

噪声对心理的负面影响——环境心理学

许多年前美国有个报道，一个男子因为不堪忍受家附近建筑工地的气锤噪声，竟跑上前去把脑袋伸到气锤底下。

这个悲剧的主人很可能患有抑郁症，至少是心理承受能力太差。但从另一方面看，也正说明噪声对人的心理有明显的负面影响。

事实上，许多文艺家，特别是一些作家之所以喜欢到远离城市的偏僻山村去写作，就是为了躲避城里密集的噪声。

在科学上，噪声是指波形呈非周期性变化或超过85—95分贝的不规则声音。但在现实中，这个标准并不是绝对的。

欢快的锣鼓声、口号声、大喊大叫、鞭炮声，尽管超过85分贝，甚至有的也无规律，但不会引起参与者与欣赏者的心理烦躁。这是因为参与者和欣赏者当时有一种心理宣泄的需要，喜欢或能够接受这种声音。

反过来，即使低于85分贝的声音，如果不成规律，比如鸡鸣狗叫，对某些人来说也是噪声。有人爱养蝈蝈，其阵发性的叫声对某些人来说是噪声，对另一些人却像催眠曲。

噪声广泛地危害人的生理机能，造成如耳聋、睡眠障碍、植物性神经功能紊乱、心率加速、血压升高、血管痉挛、胃功能紊乱、胃液分泌异常、食欲下降、甲状腺功能亢进、肾上腺皮质功能增强、性机能紊乱和月经失调等等。在这里，我们主要说说噪声效应对心理的影响。

噪声引起人们的烦躁不安、心情变坏、注意力不集中、工作效率降低，影响休息和造成睡眠障碍等的现象，叫做噪音定律。

噪声有时会形成对别人的强烈情绪干扰，甚至使人方寸大乱。我国古代的军事家因为懂得噪声的这个特点，在战争中巧妙地把它作为了攻击敌人的一个武器。

明朝初年，朱元璋为了彻底消灭元朝在云南的残余力量，任命沐英为右副将军，和蓝玉一起随傅友德将军进攻云南。元朝梁王派达里麻率领 10 万人马在曲靖抗击。

沐英为了出其不意打击敌人，秘密迂回敌后，突然在山谷间竖起旗帜，擂响战鼓，铜号齐鸣，发出阵阵无节律的震耳响声。在这种噪声刺激下，敌军心惊肉跳，在懵然混乱之中被打得落花流水，大败而逃。

明军的胜利，很大程度上要归功于一个功臣——噪声。

如今，噪声作为环境污染的一个组成部分而被广泛关注——各大医院、疗养院和居民住宅区一般都限制汽车鸣笛等。这些都是为避免噪声效应所采取的必要措施。

选择并不是越多越好——选择适度

人类的认识和实践活动是能动的、具有创造性的，它的本质就在于选择。具有自觉的选择能力，是人区别于动物的根本标志之一。那么怎样能够做出最好的选择呢？

心理学家告诉我们，我们在做出抉择的时候，面临的选择面并不是越宽越好，而是应该适度。选择面适度，才容易做出最好的选择。

中国历史上有"歧路亡羊"的故事。有一天，杨子的邻居在牧羊的归途中，遇到了迎面而来的一行车马，羊群因受惊吓而跑开了。他回家清点以后发现丢了一只羊，于是召集全家老小，并邀请杨子的童仆一起去找羊。杨子在旁不以为然地说："咳，何必兴师动众，派这么多的人去找羊呢？"邻人说："山野、田间岔路多，人少了分派不过来。"杨子想一想，也有道理。

那邻人带领大家沿着赶羊回家时经过的大路走，一遇到岔路就派一个人去找。没过多久，他带去的人都分派完了，剩下那邻人只身走大路。可是没走多远，前面又出现了岔路。他感到左右为难，焦急中任选了一条路走去。走着走着，只见前面又出现了岔路，就感到无可奈何了。那时天色已黑了，他只好往回走，碰到其他的找羊人也说遇到了同样的困难。邻人回来后，杨子奇怪地问："你带了这么多的人去找，怎么还找不到呢？"邻人说："我知道大路边有岔路，所以找羊时多带了几个人，可是没想到岔路上还有岔路。在只剩一个人面对岔路的时候，就不知该怎么办好了。"

这个故事包含着心理学中关于选择适度的理论。可以表述为：选择项并不是越多越好，适量的选择项才有利于做出最佳选择。

首先，选择面过窄肯定不利于做出好的选择。好与坏、优与劣，都是在对比中发现的，只有拟定出一定数量和质量的可能方案供对比选择，判断、决策才能做到合理。一个人在进行判断、决策的时候，必须在多种可供选择的方案中决定取舍，如果一种判断只需要说"是"或"不是"的话，就不能算是真正的判断，只有在许多可供选择的方案中进行研究，并能够在对其了解的基础上判断，才算得上真正的判断。

但是，选择方案是不是越多越好呢？也不是的。可供选择的方案过多会搅得人们心神不宁，无所适从，最后，往往"多方案"成了"无方案"，什么方案也确定不下来。也就是俗话所说的"挑花眼了"。

在生活中，犯"歧路亡羊"错误的人也是有的。有的人在择偶方面就存在这种现象。

有这样一个比喻，寻找配偶就像经过一片玉米地摘玉米一样，人只能朝前走，不能往回退，就像人生一样。当然每个人都想摘个最大的玉米。你走了一段路，发现了几个比较大的，但是你猜测后面还会有更大的，就先不摘，继续走；再走一段，发现了比原来大的，但是你还是猜测后面还有更大的，就仍然不摘，继续走下去……这样若干次，当离玉米地的边缘不远的时候，你想，没有多少路可走了，下面碰到大的我就摘，可遗憾的是，再也没有比原先大的了。实际上你已经错过了其中最大的。

人生的选择也是如此，从某种意义上说，选择是无限的，世间的人有的是；可是从另一种意义上说，选择又是有限的，因为你的青春有限，过了适婚年龄，选择面将骤然变窄。所以面对这样的现实，我们要做的是，选择面既不需过宽，也不需过窄。对于择偶来说，如果决定得太早，可能无法等到后面更好的，而如果决定得太晚，可能发现好的已经没有了。

得不到的葡萄是酸的——酸葡萄、甜柠檬

《伊索寓言》中有一个家喻户晓的故事：一个炎热的夏日，狐狸走过一个果园，它停在一大串熟透而多汁的葡萄前，狐狸想："我正口渴呢。"于是它后退了几步，向前一冲，跳起来，却无法够到葡萄。狐狸后退又试，一次，两次，三次，但它都没有够到葡萄。狐狸试了一次又一次，还是没有成功。最后，它决定放弃，昂起头边走边说："我敢肯定它是酸的。"

在西方，这个故事甚至被引入了词典，短语"sour grapes"（酸葡萄）就是来自于此，是指得不到的就说不好。而心理学中也借用了这个术语，用来解释人类心理防卫的一种机制——合理化的自我安慰。

其实，在日常生活中，我们也时常会处于那只狐狸的境遇。比如，一家公司职员很想得到更高的职位，却总得不到提升，为了保

持内心平衡他会自我安慰：职位越高，责任越重，还不如现在工作轻松，乐得逍遥自在。

与"酸葡萄"心态相对应，还有一种心态被称为"甜柠檬"心态，它指的是人们对得到的东西尽管不喜欢或不满意，也坚持认为是好的。比如，你买了一套衣服，回来后觉得价钱太贵，颜色也不如意，但和别人说起时，你可能会强调这是今年最流行的款式，即使价格贵点也值得。

心理学上有一个实验，本来是为了"每个人对事情的兴趣是否影响到了工作效率"而进行测试的，但是间接证明了"酸葡萄、甜柠檬定律"的存在。

心理学家招募了一批大学生来做一些枯燥乏味的工作。其中一件事是把一大把汤匙装进一个盘子，再一把把地拿出来，然后再放进去，来来回回半个小时。还有一件是转动计分板上的48个木钉，每根顺时针转四分之一圈，再转回，也是反反复复耗费了半个小时。工作完成后，再分别给予他们1美元或20美元的奖励，并要求他们告诉下一个来做实验的人这个工作十分有趣。

奇怪的是，心理学家发现结果与一般的预期相反，得到1美元奖励的人反而认为工作比较有趣。

这似乎证明了人们对已经发生的不好的事情倾向于通过自我安慰、自我欺骗，把它的不愉快减轻。

这不由得让我们想起鲁迅先生笔下的阿Q。我们都知道阿Q有一种独特的精神胜利法，被称为"阿Q精神"。比如阿Q挨了假洋鬼子的揍，无奈之余，就说"儿子打老子，不必计较"，来自我安慰一番，也就心平气和了。

过去，这种明显的自欺欺人的心理成为人们的笑谈，遭到否定、批判。但是，今天的心理学家认为，适度的精神胜利法在心理健康方面是非常有价值的。

在生活中，我们每个人都会遇到这样或那样不愉快的事，有很多事情是我们无法左右、更改的。那该怎么办呢？难道就要为此一味地愁苦、懊恼吗？那显然不利于身心的健康，也不利于事情的解决。这时候，使用一下"阿Q精神"安慰一下自己，对于心理的调节可能非常有效。实际上，任何一个心理健康的人，多少都需要有点"阿Q精神"。对于相同一件事，如果我们从不同的角度去看，结论就会不尽相同，心情也会不一样。现实生活中，几乎所有事情都存在积极性和消极性，当你遇到不顺心的事情时，如果只看到消极的一面，心情就会低落、郁闷。这时，如果换个角度，从积极的一面去看，说不定能转变你的心情。

比如当你感冒时，与其为一时的痛苦而烦恼，不如想一想，感冒可以使人的自身免疫力提高；当你遇到挫折时，应该看到失败是成功的前奏，"塞翁失马，焉知非福"，从失败中吸取教训也是一种收获；当遇到倒霉事时，你可以想一想那些比自己更不幸的人……

有个名人家中被盗，他的朋友写信来安慰他。他在回信中说："谢谢你来信安慰我，我现在很平安。贼偷去的是我的东西，而没有伤害我的生命；贼只偷去我部分东西，而不是全部；最值得庆幸的是：做贼的是他，而不是我。"

凡事换一个角度去看，事情就显得不一样了。

不良情绪会导致疲劳——心理疲劳

比尔·盖茨曾说过："每天清晨当我醒来的时候，都会为技术进步给人类生活带来的发展和改进而激动不已。"可见他对软件技术的兴趣和激情。

当有人问沃伦·巴菲特他的成功之道时，他回答："我和你没有什么差别。如果你一定要找一个差别，那可能就是我每天有机会做我最爱的工作。如果你要我给你忠告，这是我能给你的最好忠告了。"

也许我们曾经好奇过，许多杰出的人物和我们一样，没有什么三头六臂，可是为什么他们能做那么多的工作，取得那么多的成绩呢？

其实，人和人在智力上的差别并没有我们想象得那么大。比尔·盖茨和沃伦·巴菲特的话向我们揭示了这个奥秘，那就是成功人士大多热爱他们的工作。

心理学家发现，一个人做喜欢的事不容易疲劳。科学家的发现大体能证明这个结论：只是用脑不会使你疲倦。如果只用脑的话，那么它"在八个或者十二个小时之后，工作能量还像开始时一样的迅速和有效率"。脑部几乎是完全不会疲倦的。

那么是什么使你疲倦呢？心理治疗专家说，我们所感到的疲劳多半是由精神和情感因素所引起的，本质上就是所谓的"心理疲劳"。

生理疲劳对人们来说比较容易理解，因为它比较直观，体现为人的体力的下降，进而造成工作效率的下降。而人们对心理疲劳则了解得比较少。

心理疲劳虽然也经常在我们身上出现，但是心理学家对心理疲劳的研究还处于初级阶段。因为心理疲劳常和生理疲劳掺杂在一起，其外在表现和内在机制很难描述清楚。

心理疲劳的表现是：注意力不集中、思想紧张、思想迟缓、情绪低落和行动吃力，更主要是指情绪浮躁、厌烦、忧虑、倦怠、感到工作无聊等现象。在感知敏感度方面，心理疲劳者除有与生理疲劳者共同的感知敏感度减弱外，还有其独特的表现，就是对某些刺激特别敏感，如饥饿、姿势不舒服、困倦等。

心理学家认为，心理疲劳的原因主要是对工作的厌倦。也就是说，心理疲劳造成的工作效率降低，本质是"非不能也，是不为也"。

比如有时候我们做脑力劳动，做了一定时间后就会感到心烦意乱，不想再做了。但是反观自己，似乎并不疲劳。但是一种不可知的原因让你就是不想做。这种感觉其实是厌倦。

　　人的心理活动有一个特点是，做一件事如果过久，就会感到厌倦而不爱做。所以有些人在学习时，会同时把好几个科目的书摆在附近。一科看烦，就换另一科。这样换来换去，脑子不容易厌倦和麻木，头脑始终能保持比较活跃的状态。人脑的这个特点，从另一方面说明死记硬背是学习效果不好的原因之一。

　　造成心理疲劳的原因还有其他一些，比如是否受到鼓舞。在体育比赛结束时，胜负双方本来在体力上的消耗相差无几，但是胜方却远远没有负方感觉那么疲劳。这是为什么呢？胜方因为获胜和周围观众的掌声而感到自豪、受到鼓舞，情绪激昂，所以感觉不到疲劳，就连体力也似乎恢复了。负方则不然，他们感到懊丧，感到来自观众、教练和亲朋好友的压力，无精打采，感觉比赛中的疲劳加倍袭来。

　　焦虑有时也会让我们心理疲劳。比如，做一项工作时，非常担心做不好。这种担心的情绪如果总来骚扰你，会使你在情绪上耗费大量能量，从而感到非常疲劳。

运动会带来快乐——体育健全性格

运动心理学研究证明，各项体育活动都需要一定的心理品质作为基础，比如较高的自我控制能力、坚定的信心、勇敢果断和坚忍刚毅的意志等。因此，如果有针对性地进行体育锻炼，对培养健全的性格有特殊的功效。

如果你觉得自己不大合群，不习惯与同伴交往，那就选择足球、篮球、排球、接力跑以及拔河等集体项目进行锻炼。这些项目都是群体的运动，需要团队的合作，所以参与这些运动可以帮助你改变孤僻的习性，适应和同伴的交往。

如果你胆子小，做事怕风险，容易脸红，怕难为情，那就应多参加游泳、溜冰、滑雪、拳击、摔跤、单双杠、跳马、跳箱、平衡木等运动。因为这些运动要求人不断克服害羞、怕跌倒等各种胆怯心理，以勇敢无畏的精神去越过障碍，战胜困难。比如游泳，你不亲自下水永远不可能学会。而下水是需要很大勇气的，但是一旦战胜了恐惧，会发现学会它并不难。其他运动也有类似特征，这些运动会使你的胆子变大，处事也会更老练。

如果你办事犹豫不决，不够果断，那就多参加乒乓球、网球、羽毛球、拳击、跨栏、跳高、跳远、击剑等体育活动。这些项目很锻炼人的反应速度，来了球你必须马上接住，并在瞬息间想出该如何反击，或者在一瞬间发挥出你的全部能力。任何犹豫、徘徊都会延误时机、导致失败，因而它们能帮助你增强果断的个性。

假如你发现自己遇事容易急躁、冲动，那就应多参加下棋、打太极拳、慢跑、长距离步行、游泳、骑自行车、射击等运动。这些运动是急不来的，是费时较长的运动。在运动的过程中，你需要调节自己，把力量分配均匀，在时间安排上达到最合理，才能得到最好的发挥。

如果你做事总是担心完不成任务，那就选择如跳绳、俯卧撑、广播操、跑步等项目进行锻炼。你可以给自己规定完成的数量，不完成不罢休，就容易养成做事有首有尾的习惯。

若你遇到重要的事情容易紧张、失常，应多参加公开激烈的体育比赛，特别是足球、篮球、排球比赛。在这些紧张激烈的比赛中，只有冷静沉着才能取得优胜。经常参加这种锻炼，遇事就不会过分紧张，更不会惊慌失措。

假如你发觉自己有好逞强、易自负的缺点，则可选择难度较大、动作较复杂的跳水、体操、马拉松等项目进行锻炼，也可找一些水平超过自己的对手下棋、打乒乓球或羽毛球。这些项目会让你感到"山外有山"，自己没什么了不起的，千万不能自负、骄傲。

设身处地理解别人——换位思考

所谓换位思考，就是要把自己设想成他人，以对方的角度考虑问题。

古以色列有一个国王叫所罗门，是个令后世敬仰的"有道明君"。

一次，在国王办公时，有一对老夫妇闯进来，老翁讲他想要离婚，所罗门问为什么，老翁讲出了若干个理由。所罗门一边听一边点头，最后说："是的，你是对的，你们应该离婚。"话音未落，老妇人强烈反对，说绝对不同意离婚。所罗门问她理由，她的"理由"比老翁还要充足。所罗门同样一边听一边点头，最后说："是的，你是对的，你们不应该离婚。"

这时，一边的大臣见国王如此断案，忍不住站出来反对说："国王，你这样断案是不对的。"所罗门同样一边听一边点头，说："不但他们是对的，你也是对的，确实没有如此断案的，尤其是作为一个国王。"

作为西方世界智慧象征的所罗门王，在断案时不仅用心地倾听，而且在听的同时把自己想象成对方，所以他是从另一个角度去思考，这就是所谓换位思考。

智慧在很大程度上源于理解力。一个人习惯于换位思考，才能理解平时所无法理解的东西，对方才愿意与之交流沟通。

那换位思考到底是什么呢？其实就是"移情"，去"理解"别人的想法和感受，从对方的立场来看事情，以别人的心境来思考问题。

约翰有一个年仅16岁却劣迹斑斑的女儿：抽烟、酗酒、乱交男朋友……这一切令约翰夫妇伤透了脑筋。他们不知问题究竟出在哪儿，感到无从下手。约翰想管教16岁的女儿，然而她却总是神出鬼没，有时竟然一连几天不回家。

终于机会来了。一天约翰看到女儿回来了，但是她似乎挑衅般地与送她回来的男孩亲吻！约翰气得暴跳如雷，打算给女儿一点颜色看看。

当这位在父母眼中已一无是处的女孩走进房门时，她看到了父亲因为愤怒而发抖的模样，他几乎是用咆哮着的声音对她吼了起来："你怎么能如此放肆？要知道我和你妈妈那么辛苦把你养大……"但女孩显然并不想买账，她头也不回地往自己的房间走去，随着"嘭"的一声，约翰夫妇被挡在了门外。

伤心的约翰夫人小心翼翼地对丈夫说："约翰，我们也许并不爱女儿。""什么？不爱她为何还要如此管教她？否则，早放任她游荡了。""是这样的，"约翰夫人说，"我们从来未进行换位思考，我们也许都太自私了，一味地教训她，从不考虑她的感受，或许她正为这个恼火呢。"经约翰夫人这么一说，约翰仿佛看到了希望。他赶快到女儿的房间，第一件事是为刚才的态度道歉。

奇迹出现了，女儿第一次痛哭流涕地说："我原来以为你们对我很失望，而且也不打算再教我什么了……"

移情换位让约翰父女重新获得默契与温暖。

许多事都有完美的解决方案，甚至许多矛盾与误解也同样可以化解，而移情换位就是一种和谐的方法。

换位思考不但需要转换思维模式，还需要一点好奇心来探求他人的内心世界。在面对不同的人与事的时候，人们都有着与之相对应的情绪和心理表现。所以，要了解他人的时候，必须充分发挥自己的情商，理解他们承担的每一个角色之间的关系，并且对此做出准确的判断。

推销大师乔·吉拉德说："当你认为别人的感受和你自己的一样重要时，才会出现融洽的气氛。"我们需要多从他人的角度考虑问题，如果对方觉得自己受到重视和赞赏，就会报以合作的态度。如果我们只强调自己的感受，别人就会和你对抗。

有些人时常抱怨自己不被他人理解，其实，换个角度可能别人也有同样的感受。当我们希望获得他人的理解，想到"他怎么就不能站在我的角度想一想呢"时，我们也可以尝试自己先主动站在对方的角度思考，也许会得到一个意想不到的答案。

"得不到江山就要美人"——心理代偿

老刘在一家企业工作，他为人正直，工作勤奋，成了企业里的台柱子。可是很多年过去了，他却一直也没有如愿升职。他感到很不服气，可是又没有办法，于是逐渐变得郁郁寡欢，有时还因为一点小事和人发脾气。

同事老黄情况差不多，也是几次没获得升职。老黄一开始也苦恼，可是时间一长发现解决不了问题，还搞得家里家外很紧张，就改变了心态。他立志要开始发奋，几年来，不仅自学了英语，还学习商业管理知识。后来他辞职创立了自己的公司，干得红红火火。

这两个人遇到了同一件事，却一个苦恼，一个快乐；一个消极，一个积极。就是因为老刘孤注一掷，甘心"在一棵树上吊死"，不寻找其他的出路。这样唯一的精神寄托一旦失去，人就会变得萎靡不振。

而老黄则不然，积极寻找别的出路，这条不通走另一条，注意力和精神追求进行转移，反而因祸得福。这就是心理代偿的巨大作用。

当人遇到难以逾越的障碍时，有时会放弃最初的目标，通过达到实现类似目标的办法，谋求心理的满足，这种做法叫做代偿行为。

代偿，生理学上的意义是指人体的一种自我调节机能，当某一器官的功能或结构发生病变时，由原器官的健全部分或其他器官来代替，以补偿它的功能。从心理学角度分析，代偿可以分为自觉和盲目两种。自觉的代偿指知道自己的短处和缺陷所在，可以做到扬长避短。盲目的代偿是指并不清楚自己的短处与缺陷，往往过分代偿，结果某些方面畸形发展，破坏了人格的协调统一，反而加剧心理冲突，造成适应困难，人际关系不良。可见，代偿可以是建设性的，也可以是破坏性的。

心理的代偿往往是对现实中不足的弥补，可以起到转移痛苦、使心理平衡的作用。比如，本来想去打网球，可是下雨无法打了，就可以选择室内的乒乓球；本来想进A公司没能如愿，就转而争取进入条件相当的B公司，等等。

代偿行为有一个特征是：假如B与A相比非常容易达到，或是价值不如A，就不容易对A形成代偿。只有当B与A很相似，得到B的困难度与A相似甚至更大，B才具有较大的代偿价值。

当然，代偿行为并不是在任何情况下都会产生的。对于最初目标的渴望如果非常热烈、迫切，就很难找到能够代偿的东西。所谓"曾经沧海难为水，除却巫山不是云"。

而且，在代偿行为中还有一种很特殊的情况，那就是把自己的欲求转移到能获得社会高度评价的对象中去。这种情况在心理学上叫"升华"。这个概念是弗洛伊德提出的，按他的观点，所有高层次活动都是原欲升华的结果。

最佳的美容处方——心理美容

现代美容不仅包括化妆、护理、手术等形体美容，更重要的是，它还包括心理美容，即从心理的角度去发掘人心灵深处的隐私、疏导郁结的心境、激发对生活的信心，从而营造豁达乐观、欢愉向上的心理状态。

具体地说，心理美容就是通过疏导与暗示，使人的心情愉快、精神饱满；促进血液循环，激活面部和全身肌肤细胞的代谢，使肌肤富有光泽和弹性；使脏腑与气血运行顺畅，浑身充满活力。

心理美容具有社会学的意义，即完善自我、发展自我、体现自我。只有完善了自我，具有了高尚的道德情操、渊博的知识贮存、成熟的心理承受力、吸引人的个性特征、有魅力的人际交往能力，他才容易被社会接纳，才能够有宽阔的交往空间，才能够获得美好的生活与成功的事业。

心理美容可分为不良情绪消除法和健康心理培养法两类。其中，不良情绪消除法包括情趣除忧法、心灵美境法、洒泪排忧法及倾诉苦衷法；健康心理培养法包括工作培养法、音乐培养法、休闲培养法及笑容培养法等，其中笑容培养法是人们最乐意接受的、见效最快的方法。

心理美容包括哪些具体方法呢？下面简单介绍几种。

1. 保持愉快情绪

心理学家认为，愉快的情绪能使人处于怡然自得的状态，有益于人体各种激素的正常分泌，有利于调节大脑功能和血液循环，使美丽从内向外扩散出来。

2. 学会幽默

心理学家认为，幽默是人的一种健康机能，更是心理美容的良方。幽默和风趣的言行不仅可以给人带来欢快的情绪，还能缓解生活中的矛盾和冲突，维持心理平衡，是生活的调味品和润滑剂。

3. 倾诉衷肠

这是一种有效的自我心理调节方法。当人们心头郁积着苦闷和烦恼，尤其是处于"心理梗塞"时，若能及时向亲友、同事、心理医生倾诉，便可以排淤化结，使受挫的心灵得到一定程度的抚慰，感情的伤口得到有效的愈合。

4. 学会宽容

宽容可以消除人与人之间的隔阂，营造良好的人际关系和生活环境。日常生活中，夫妻、邻里、同事之间难免有矛盾和烦恼，处理不好就会形成心理问题，影响生活和工作。特别是在被人曲解和伤害时，有些人本能的反应就是报复。然而，报复虽然可以发泄怒气，减轻心中的负荷，求得一时痛快，但更会激化矛盾，甚至造成可怕的后果。退一步海阔天空，此时，人们最明智的选择就是宽容。宽容了，心境就好了，从内向外也就美了。

5. 想象美容法

每晚在临睡之前，盘腿端坐在床上，深呼吸三次，然后全身放松，自然呼吸。想象自己置身于清澈的湖水旁，头顶明月当空，湖畔绿草如茵；想象自己的皮肤如月亮般皎洁，清澈的湖水滋养着皮肤。所谓"相由心生"，这种由心理积极暗示带来的容颜变化，确实是生活中有效的心理美容方法。

用 100% 的热忱做 1% 的事——激情效应

热忱是一种难能可贵的品质。正如现代成功学大师拿破仑·希尔所说："要想获得这个世界上最大的奖赏，你必须像最伟大的开拓者一样，将所拥有的梦想转化为实现梦想而献身的热情，以此来发展和销售自己的才能。"

历史上许多巨变和奇迹，不论是社会、经济、哲学或是艺术，都因为参与者 100% 的热忱才得以实现。拿破仑发动一场战役只需要两周的准备时间，换成别人则需要一年，之所以会有这么大的差别，正是因为他对在战场取胜拥有无与伦比的热情。

伟大人物对使命的热情可以谱写历史，普通人对工作的热情则可以改变自己的人生。

一个晴朗的下午，美国作家威·莱·菲尔普斯去逛纽约的第五大道，突然想起来自己的袜子被划破了，需要买双新的袜子。至于买一双什么样的，作家觉得那是无关紧要的。他看到第一家袜子店就走了进去，一个年纪不到17岁的店员迎面向他走来询问道："先生，您买什么？"

"我想买双短袜。"作家看到这位少年眼睛里闪着光芒，话语里含着激情。"您是否知道您来到的是世界上最好的袜店？"作家一愣，发觉自己从来就没有思考过这个问题，因为他仅仅需求一双短袜，走进这家商店纯粹就是一种偶然。

很快少年麻利地从货架上拖下几只不同包装的盒子，并快速地把里面的袜子一一打开展现在作家面前，让他挑选。"等等，小伙子，我只要买一双！"作家有意提醒他。"这我知道。"少年说，"不过，我想让您看看这些袜子有多美，真是好看极了！"

少年的脸上洋溢着喜悦，立刻激起了作家对这个少年的兴趣，把买袜子的事情抛于脑后。作家略微犹豫一下，然后对那个少年说："我的朋友，如果你能一直保持这样的热情，如果这份热情不只是因为你感到惊奇，或因为得到一个新的工作——如果你能天天如此，把这种热心和激情保持下去，不到十年，你会成为美国短袜大王。"

没有热忱的人，就好像没有发条的手表一样缺乏动力。一位神学教授说："成功、效率和能力的一项绝对必要条件就是热忱。"热忱这个词源于希腊文,是"神在你心中"的意思,一个缺乏热忱的人别想赢得任何胜利。

为了使你对目标产生热忱,你应该每天都将思想集中在这个目标上,如此日复一日,你就会对目标产生高度的热忱,并愿意为它奉献。有位名人说:"情绪未必会受理性的控制,但是必然会受到行动的控制。"积极的心态和积极的行动可升高热忱的程度,你必须为你的热忱制定一个值得追求的目标;一旦你将热忱导向成功的方向,它便会使你朝着目标前进。

真正的热忱是发自内心的,发掘热忱就好像是从井中取水一样,你必须操作抽水机才能使水流出来,接着水便不断地自动流出。你可以对所知道或所做的任何事情都付出热忱,它是积极心态的一种象征,会自然地从思想、感情和情绪中发展出来,但更重要的是,你可以随心所欲地从内心唤起热忱。

当这热忱被释放出来支持明确的目标,并不断用信心补充它的能量时,它便会形成一股不可抗拒的力量,足以克服一切贫穷和不如意,你可以将这股力量传给任何需要它的人。这恐怕是你能够动用热忱所做的最伟大的工作了,激发他人的想象力、激励他人的创造力、激发他人的影响力,帮助他们和无穷智慧发生联系。

凭借热忱,我们可以释放出潜在的巨大能量,发展出一种坚强的个性;凭借热忱,我们可以把枯燥乏味的工作变得生动有趣,使自己充满活力,培养自己对事业的狂热追求;凭借热忱,我们可以感染周围的同事,让他们理解你、支持你,拥有良好的人际关系;

凭借热忱，我们更可以获得老板的提拔和重用，赢得宝贵的成长和发展的机会。

拿出 100% 的热忱来对待 1% 的事情，而不去计较事情是多么的微不足道，你就会懂得，原来每天平凡的生活竟然是如此的充实和美好。

第五章

人格心理学

你的心理健康吗——心理健康的标准

世界卫生组织给健康下的定义为:"健康是一种身体上、精神上和社会适应上的完好状态,而不是没有疾病及虚弱现象。"从世界卫生组织对健康的定义中可以看出,与我们传统的理解有明显区别的是,它包含了三个基本要素:躯体健康、心理健康和具有社会适应能力。

在现实生活中,心理健康和生理健康互相联系、互相作用,心理健康每时每刻都在影响人的生理健康。如果一个人性格孤僻,心理长期处于一种抑郁状态,就会影响内分泌,使人的抵抗力降低,疾病就会趁虚而入。一个原本身体健康的人,如果老是怀疑自己得了什么疾病,就会整天郁郁寡欢,最后很有可能真的一病不起。

因此,在日常生活中一方面应该注意合理饮食和身体锻炼,另一方面更要陶冶情操,开阔心胸,避免长时间处在紧张的情绪状态中。如果感到自己的心情持续不快时,要及时进行心理自我调试,必要时到心理门诊或心理咨询中心接受帮助,以确保心理和生理的全面健康。

同生理健康一样,人的心理健康也是有标准的,不过其标准不及人的生理健康标准具体与客观。下面是比较受心理专家公认的十项心理健康标准：

1. 具有十足的安全感

安全感是人的基本需要之一，如果惶惶不可终日，人便会很快衰老。抑郁、焦虑等心理，会引起消化系统功能的失调，甚至会导致病变。

2. 充分了解自己，对自己的能力做出恰当的判断

如果勉强去做超越自己能力的工作，就会显得力不从心。连续超负荷的工作会给健康带来麻烦。

3. 生活理想和目标切合实际

社会生产发展水平与物质生活条件总是有一定限度的，如果生活理想和目标定得太高，必然会导致心理受挫，不利于身心健康。

4. 与外界环境保持良好的接触

因为人的心理需要是多层次的，与外界环境接触，一方面可以丰富精神生活，另一方面可以及时调整自己的行为，更好地适应环境。

5. 保持个性的健全与和谐

个性中的能力、兴趣、性格与气质等各种心理特征必须和谐而统一，方能充分发挥个性能量。

6. 具有一定的学习能力

现代社会知识更新很快，为了适应新的形势，就必须不断学习新的东西，使生活和工作能得心应手，少走弯路。

7. 保持良好的人际关系

人际关系中，有正向积极的关系，也有负向消极的关系，而人际关系的协调与否，对人的心理健康有很大的影响。

8. 适度的情绪发展和控制

人有喜怒哀乐等不同的情绪体验。不愉快的情绪必须释放，才能达到心理上的平衡。但不能过分发泄，否则，既影响自己的生活，又加剧了人际关系矛盾，于身心健康无益。

9. 有限度地发挥自己的才能与兴趣爱好

人的才能和兴趣爱好应该得到发挥和满足，但不能妨碍他人利益，更不能损害集体利益，否则，会引起人际纠纷，徒增烦恼，无益于身心健康。

10. 在不违背社会道德规范的前提下，个人的基本需求得到一定程度的满足

当然，满足个人需求必须合情合理又合法，否则将受到良心的谴责、舆论的压力乃至法律的制裁，更无益于心理健康。

做自己的心理医生——心理调适

由于现代人生活方式的改变、生活节奏的加快，一些人的盲目行为增多，加之过分追求短期效益，因而失败的概率较高，内心失去平衡，容易产生心理问题。心理专家认为："一个人的心理状态常常直接影响他的人生观、价值观，直接影响到他（她）的某个具体行为。因而从某种意义上讲，心理健康比生理健康显得更为重要。"

从理论上讲，一般的心理问题都可以自我调节，每个人都可以用多种形式自我放松，缓和自身的心理压力，排解心理障碍。面对"心病"，关键是你如何去认识它，并以正确的心态去对待它。虽然我们找心理医生看病还不能像看感冒发烧那样方便，但提高自己的心理素质，学会心理自我调节，学会心理适应，学会自助，每个人都可以在心理疾患发展的某些阶段成为自己的"心理医生"。

首先是掌握一定的心理健康科学知识，正确认识心理问题出现的原因；其次，能够冷静清醒地分析问题的因果关系，特别是主观原因和欠缺之处，安排好对己对人都负责任的相应措施；再次，恰当的评价自我调节的能力，选择适当的就医方式和时机。最后，也是日常生活中最关键的一点，就是树立正确的人生观和处世观，拥有正常睿智的思维，避免走入心灵的误区。

要加强修养，遇事泰然处之。要清醒地认识到生命总是由旺盛走向衰老直至消亡，这是不能抗拒的自然规律。应当养成乐观、豁达的个性，平静地接受生理上出现的种种变化，并随之调整自己的生活和工作节奏，主动避免因生理变化而对心理造成的冲击。事实上，那些拥有宽广胸怀、遇事想得开的人是不会受到心理疾病困扰的。

1. 要合理安排生活，培养多种兴趣

人在无所事事的时候常会胡思乱想，所以要合理地安排工作与生活。适度紧张有序的工作可以避免心理上滋生失落感，令生活更加充实，而充实的生活可改善人的抑郁心理。同时，要培养多种兴趣。爱好广泛者总觉得时间不够用，生活丰富多彩就能驱散不健康的情绪，并可增强生命的活力，令人生更有意义。

2. 尽力寻找情绪体验的机会

一是多想想你所从事的事业，时时不忘创新，做出新的成绩，跃上新的台阶；二是要关心他人，与亲朋、同事同甘共苦，无论悲欢离合，都是对心理的撼动，它会使人头脑清醒，心胸开阔；三是多参加公益活动，乐善好施；四是学会一门艺术，无论唱歌弹琴，还是写作绘画、集邮藏币，都会使你进入一种新的境界，产生新的追求，在你的爱好之中寻找乐趣。

3. 保护心理宁静

面对大量的信息不要紧张不安、焦急烦躁、手足无措，保持心

情宁静，学会吸收现代科学信息的方法，提高应变能力。还要尽量多地设想出获取它们的可行途径，并选择一个最佳方案行动，从而减轻个人的心理负担，能收到事半功倍之效。

4. 适当变换环境

一个人在一个缺乏竞争的环境里容易滋生惰性，不求有功但求无过，过于安逸的环境反而更易引发心理失衡。而新的环境，接受具有挑战性的工作、生活，可激发人的潜能与活力，变换环境进而变换心境，使自己始终保持健康向上的心理，避免心理失衡。

5. 正确认识个人与社会的关系

要根据社会的要求，随时调整自己的意识和行为，使之更符合社会规范。要摆正个人与集体、个人与社会的关系，正确对待个人得失、成功与失败。这样，就可以减少心理失衡。

扭曲的自尊心——虚荣心理

虚荣心是一种扭曲的自尊心，它是以不适当的虚假方式来保护自己自尊心的心理状态，是为了取得荣誉和引起普遍注意而表现出来的一种不正常的社会情感。

希望博得他人认可，是一种无可厚非的正常心理。然而，人们在获得了一定的认可后总是希望获得更多的认可。所以，人的一生就常常会掉进为寻求他人的认可而活的虚荣牢笼里。

为什么人会产生虚荣心呢？荀子说："人生而有欲。"因为人是一种生命，生命自然有欲。有欲无欲是生命与非生命的分界。所以说，人的欲望是天生的。但凡是生命，都属于某一群体。有群体便有差异与不同，便有攀比和嫉妒的欲望，于是便产生了虚荣心。所以说，虚荣心总是与攀比、嫉妒、追求等相伴而生的。虚荣者在虚荣心的驱使下，往往追求面子上的好看，不顾现实条件，最后造成危害，有时甚至产生犯罪动机，带来非常严重的后果。虚荣者的内心其实是空虚的。他们表面的虚荣与内心的空虚总是不断地斗争：没有满足虚荣心之前，因为自己不如他人的现状而痛苦；满足虚荣心之后，又唯恐自己真相败露而受折磨。虚荣者的心灵总是痛苦的，完全不会有幸福可言。

虚荣心强的人喜欢在别人面前炫耀自己昔日的荣耀经历或今日的辉煌业绩，他们或夸夸其谈、肆意吹嘘，或哗众取宠、故弄玄虚，自己办不到的事偏说能办到，自己不懂的事偏要装懂，一切为了提高自己。虚荣心强的人喜欢炫耀有名望、有地位的亲朋好友，希望借助他人的荣光来弥补自己的不足，而对于那些无名无分、地位"卑微"的亲朋则避而不谈，甚至唯恐避之而不及。

因此，虚荣心是要不得的，要正确把握、合理引导和适当应用，千万不能任其发展，殃及他人、祸及社会。对于我们每一个人来说，就是要使自己的虚荣心适可而止，做到顺着正路跑而绝不乱来。

1. 提高自我认知

提高自我认知，正确认识自己的优缺点，分清自尊心和虚荣心的界限。虚荣心强的人，思想上会不自觉地渗入自私、虚伪、欺诈等因素，这与谦虚谨慎、光明磊落、不图虚名等美德是格格不入的。虚荣的人为了表扬才去做好事，对表扬和成功沾沾自喜，甚至不惜弄虚作假。他们对自己的不足想方设法遮掩，不喜欢也不善于取长补短。虚荣的人外强中干，不敢袒露自己的心扉，给自己带来沉重的心理负担。

2. 做到自尊自重

诚实、正直是做人最起码的要求。我们绝不能为了一时的心理满足而丧失人格。只有做到自尊自重，才不至于在外界的干扰下失去人格。我们要珍惜自己的人格，崇尚高尚的人格可以使虚荣心没有抬头的机会。

3. 树立崇高理想，追求真善美

人应该追求内心的真实美，不图虚名。一个追求真善美的人不会通过不正当的手段来炫耀自己，就不会徒有虚名。很多人能在平凡的岗位上做出不平凡的成绩，就是因为有自己的理想。同时，要正确评价自己，既看到长处，又看到不足，时刻把实现理想作为主要的努力方向。

4. 摆脱从众的心理困境

从众行为既有积极的一面，也有消极的另一面。对社会上的良好风气要大力宣传，使人们感到有一种无形的压力，从而发生从众行为。如果任凭社会上的一些歪风邪气、不正之风泛滥，也会造成一种压力，使一些意志薄弱者随波逐流。虚荣心理可以说正是从众行为的消极作用所带来的恶化和扩展。例如，社会上流行吃喝讲排场、住房讲宽敞、玩乐讲高档，一些人为免遭他人讥讽，便不顾自己客观实际，盲目跟风，打肿脸充胖子，负债累累，这完全是一种自欺欺人的做法。所以我们要保持清醒的头脑，面对现实，实事求是，从自身的实际出发去处理问题，摆脱从众心理的负面效应。

5. 克服盲目攀比心理

横向地去跟他人比较，心理永远都无法平衡，会促使虚荣心越发强烈，一定要比就跟自己的过去比，看看各方面有没有进步。

疑心生"暗鬼"——猜疑心理

话说古时候有一个人丢失了一把斧子。他怀疑是邻居偷了。他观察邻居，觉得邻居走路、说话、神态都像是小偷。他肯定邻居就是小偷。然而不久后，他在自家地里找到了斧子，再观察邻居，觉得邻居说话、走路、神态竟全然不像小偷的样子。

这位丢斧者为什么会对同一个人做出前后两种截然不同的判断？这正说明，猜疑是一种主观的想象和推测，而不是以客观事实为依据的。

在生活中，我们常会碰到一些猜疑心很重的人。他们总觉得别人在背后说自己坏话或给自己使坏。有时我们自己也喜欢猜疑，看到别人说笑，便以为他们在议论自己，心里开始不痛快起来。喜欢猜疑的人特别注意留心外界和别人对自己的态度，别人脱口而出的一句话，他很可能琢磨半天，试图发现其中的"潜台词"。这样他便不能轻松自然地与人交往。久而久之，不仅自己心情不好，也影响到人际关系。

猜疑心理的产生原因主要有四个方面。

1. 错误的思维定势

喜欢猜疑的人，总是以某一假想目标为起点，以自己的一套思维方式，依据自己的认识和理解程度进行循环思考。这种思考从假想目标开始，又回到假想目标上来，如蚕吐丝做茧，把自己包在里面，被死死束缚住。

2. 相互间缺乏信任

一个人对别人越缺乏信任，产生猜疑心理的可能性也就越大。

3. 不良的心理品质

猜疑心理重的人通常也是狭隘自私、自尊心过强、嫉妒心强烈的人。

4. 受流言蜚语的影响

听信谣言，也会产生猜疑心理。

猜疑似一条无形的绳索，会捆绑我们的思路，使我们远离朋友。如果猜疑心过重的话，就会因为一些可能根本没有或不会发生的事而忧愁烦恼、郁郁寡欢。猜疑者常常嫉妒心重，比较狭隘，因而不能更好地与同学朋友交流，其结果可能是无法结交到朋友，变得孤独寂寞，对身心健康都有危害，因此需要加以改变。

1. 培养理性，防止感情用事

猜疑者在消极的自我暗示心理下，会觉得自己的猜疑顺理成章、天衣无缝。"疑人偷斧"的故事就是很典型的例子。遇事保持冷静，多观察、分析和思考，克服"当局者迷"的认知误区，是消除猜疑的重要途径。

2. 进行思维转移

当自己胡思乱想瞎猜疑时，可转移思维去想其他美好的人和事物，这样对自己会好些。

3. 坚持"责己严，待人宽"的原则

猜疑心重的人，大多对自己要求不高，对别人倒多少有些苛求。如果对别人的要求不那么高，就不会把别人的言行变化看得那么严重，许多无端猜疑就从根本上失去了产生的基础。

4. 用理智力量克制冲动情绪

当发现自己开始怀疑别人时，应当立即寻找产生怀疑的原因，在没有形成思维之前，引进正反两个方面的信息。现实生活中许多猜疑，戳穿了是很可笑的，但在戳穿之前，由于猜疑者的头脑被封闭性思路所主宰，会觉得他的猜疑顺理成章。此时，冷静思考显然是十分必要的。

5. 培养自信心

每个人都应当看到自己的长处，培养自信心，相信自己会处理好人际关系，给别人留下良好的印象。

6. 学会使用"自我安慰法"

一个人在生活中，遭到别人的非议和流言，与他人产生误会，没有什么值得大惊小怪的。在一些生活细节上不必斤斤计较，可以糊涂些，这样就可以避免烦恼。如果觉得别人怀疑自己，应当安慰自己不必为别人的闲言碎语所纠缠，不要在意别人的议论。

为何喜欢吹毛求疵——完美主义心理

"完美主义"指对己或对人所要求的一种态度。完美主义者对任何事都要求达到毫无缺点的程度,因而难免只按理想的标准苛求,而不按现实情境考虑是否应该留有余地。

每个人多少都有追求完美的倾向与需要,希望每件事都尽可能地做到完美的地步。这种倾向是人类追求自我实现与自我超越的动力源泉,促使人们为自己或某些工作设定较高的目标,并更加努力地去完成它。

但是,这种倾向若过度苛求,就会变成完美主义。从心理学来说,"完美主义"是对完美的一种极端追求。那种完善自我、健康地追求完美,并且在努力达到高标准过程中体验到快乐的人,不是完美主义者。心理学上所指的完美主义者是那些把个人的理想标准和道德标准都定得过高,不切合实际,而且带有明显的强迫倾向,要求自己去做不可能做到的事的那种人。

完美主义者往往不愿意接受自己或他人的弱点和不足,非常挑剔。比如,让自己保持优雅的姿态、不俗的气质、温柔的谈吐,这就是为自己定了一个过高的理想标准,而且也带有强迫的特征。若为一个自认为不优雅的姿态而紧张焦虑,便不是一个追求完美的正常心态。

完美主义者表面上都很自负，其实内心深处却非常自卑。比如，很少看到自己的优点，总是在关注自己的缺点，而且总是不知足，也很少肯定自己。不知足就不快乐，周围的人也一样不快乐。所以，学会欣赏别人和自己是很重要的，它是进一步实现下一个目标的基础。

在人际交往方面，为了维护自己完美的角色，完美主义者常常生活在一个狭小的圈子中。比如，很想但又不敢融入到群体中去，怕暴露了缺点。不敢表露感情，不敢表达自己的观点和态度，给自己制定了太多的条条框框，以完美的标准要求自己，带给自己的却只有沉重的压力和深深的自责。对于别人的褒奖，只会感到诚惶诚恐，认为自己还差得很远。违心地满足别人的要求，委屈自己，打肿脸充胖子。

在心理治疗界发现有这样一类求治者：他们是成功的商人、艺术家、医生、律师和社会活动家等等，他们在自己的领域如鱼得水，出类拔萃，但他们的努力并未给他们带来所期待的幸福生活。

治疗师们发现他们具有这样一些共性：他们的成功既不能给他们带来成就感，也不能带来完整、独立的自我感受。他们寻找心理治疗以期给自己的生活带来意义，并克服空虚感。

治疗师发现这类人的自我系统处于分离状态：一方面，当他们获得成功时，可以体验欢欣；另一方面，在他们的内心深处却隐藏着深层的无价值感和自卑感，正是这种匮乏导致了他们将无所不能的完美主义倾向当做护身的盔甲。他们抱怨所有的成功都不能给自己带来快乐，没有人理解他们，他们也不能理解自己。

这些具有完美主义倾向的人，几乎全与童年的家庭教育有关。他们的父母为孩子树立的标准太高、太完美，在任何时候都是贬低他们而不加赞美。于是久而久之，这些孩子也就学会了总爱找自己的过错，认为自己不配被赞扬和被尊重，并以自我挑剔和自责为习惯，甚至产生了一种自虐的"快感"。

改变这种可怕性格的方法就是当事人重新树立评价自己的标准，改掉原来那种完美的、苛刻的、倾向于全面否定的标准，树立一种合理的、宽容的、注重自我肯定和鼓励的标准，学会多赞美自己，把过去成功的事例列在纸上，坦然愉悦地接受别人的赞扬并表示感谢。

事实上，醉心于追求完美的人，其实是不完美的。因为完美毕竟是抽象的，只有生活才是具体的。生活中有不少完美并非靠追求就能得到，相反，生活中有许多遗憾是无法避免的。假如我们在心理上战胜了这些，我们的内心就会稳健许多，就会重新感受到生活的乐趣。

"最完美的商品只存在于广告中，最完美的人只存在于悼词中。"绝对完美永远是可望而不可及的。当我们不再注意自己是否完美时，或许有一天我们会惊喜地发现往日渴求的完美，今天已经具备。

恨人有，笑人无——嫉妒心理

培根说："嫉妒能使人得到短暂的快感，也能使不幸更辛酸。"嫉妒是一种复杂的情绪，它认为别人往前走就是自身的后退，于是敬畏、屈辱、自卑、恼怒之情便纷至沓来，撕咬着人的心。这当然是难以忍受的。怎么办呢？最好的办法是找出对方的短处来。

有嫉妒心的人，自己不能成就伟大事业，便尽量低估他人的伟大，使之与其本人相齐，或者用怀疑别人动机、诬蔑别人伪善的办法，来剥夺别人可敬佩的成就。于是，因嫉妒而产生的种种心态便表现出来：或消极沉沦，萎靡不振；或咬牙切齿，恼羞成怒；或铤而走险，害人毁己。

巴鲁克说："不要嫉妒。最好的办法是假定别人能做的事情，自己也能做，甚至做得更好。"记住，一旦你有了嫉妒心，也就是承认自己不如别人。你要超越别人，首先你得超越自身。有句话说得好："对心胸卑鄙的人来说，他是嫉妒的奴隶；对有学问、有气质的人来说，嫉妒却化为竞争心。"坚信别人的优秀并不妨碍自己的前进，相反，却给自己提供了一个竞争对手、一个榜样，能给你前所未有的动力。事实上，每一个真正埋头沉入自己事业的人，是没有工夫去嫉妒别人的。

从心理学角度分析，嫉妒是一种病态心理。当看到别人在某些方面高于自己时（有时候仅是一种感觉），便产生一种由羡慕转为恼怒、忌恨的情感状态。

嫉妒的范围是很广的，包括嫉人、嫉事、嫉物。手段也多种多样，有的挖空心思采用流言蜚语进行恶意中伤，有的付诸于手段卑劣的行动。

根据嫉妒发生的速度与强度，可分为两种：一种是同激情相联系的嫉妒，称之为"激性嫉妒"。这种嫉妒带有强烈的激情性质，来势凶猛，发展迅速，难以控制。另一种与心境相联系，被称为"心境嫉妒"。该嫉妒缓慢而持续，对人体的影响不如前一种明显，但可改变人的性格。主要表现为郁郁寡欢，忧心忡忡，产生孤独情绪，甚至积郁成疾。

现代精神免疫学研究揭示，脑和人体免疫系统有着密切的联系。嫉妒导致的大脑皮层功能紊乱，可引起人体内免疫系统的胸腺、脾、淋巴腺和骨髓的功能下降，造成人体免疫细胞与免疫球蛋白的生成减少，因而使机体抵抗力大大降低。

对嫉妒的危害，中国的传统医学早就有过论述。《黄帝内经》明确指出："妒火中烧，可令人神不守舍，精力耗损，神气涣失，肾气闭塞，郁滞凝结，外邪入侵，精血不足，肾衰阳失，疾病滋生。"

嫉妒心理是一种破坏性因素，它破坏友谊、损害团结，给他人带来损失和痛苦，既贻害自己的心灵又殃及身体健康，对生活、人生、工作、事业都会产生消极影响。正如培根所说："嫉妒这恶魔总是在暗地里，悄悄地毁掉人间的美好东西。"因此，必须坚决地、彻底地与嫉妒心理告别。

如何克服嫉妒心理呢？

1. 充分认识嫉妒心理的危害性

嫉妒是社会生活的腐蚀剂，腐蚀人的品质，损害人的事业、形象和身心健康。要克服偏激、增强自信，待人力求不受个人心境、情绪的干扰。

2. 调整自我价值的确认方式

简单地与别人比较往往会导致片面的看法。研究表明，自我价值确认越是倾向于社会标准（通过周围人、社会流行观念等），就越容易引发嫉妒；越是以自己的思考、内在的准则为参照，就越会减少嫉妒。能够体现出个人价值的方面很多，而每个人的优势和劣势又不尽相同。所以，用统一的标准衡量人的价值是不准确的。人生更重要的事是不断超越自己，而不是超过别人。

3. 想开些

人生总有不如意之事，所谓"家家有本难念的经"。如果正处在愤怒、兴奋或消极的状态下，能较平静、客观地面对现实，就可以达到克服嫉妒的目标。

4. 自我驱除

嫉妒是一种突出自我的表现。无论什么事，首先考虑到的是自身的得失，因而引起一系列的不良后果。若出现嫉妒苗头时，进行自我约束，摆正自身位置，努力驱除嫉妒心态，可能就会变得"心底无私天地宽"了。

5. 减少自己嫉妒心的同时，学会消解别人的嫉妒心

在与人交往时，尤其在不如意者和不如自己的人面前，应采取谦虚谨慎的态度，不要经常去谈自己得意的事情，也不要过分夸大自己的成绩；应有意识地暴露自己的一些不足和苦恼，避免激起他人的心理失衡，以赢得更多的朋友。

莫说能撑船，小肚如鸡肠——狭隘心理

狭隘是一种心胸狭窄、气量狭小的心理和人格缺陷。狭隘者常常表现为：吝啬小气、斤斤计较、吃不得亏，会想方设法弥补"损失"；不能容忍他人的批评，不能受到一点委屈和无意的伤害，否则便耿耿于怀、伺机报复；一点小失误就认为是莫大的失败、挫折，长时间寝食不安；人际交往面窄，追求少数朋友间的"哥们儿义气"，只同与自己"同频"的人交往，容不下那些与自己意见有分歧或比自己强的人。

在生活中，我们很多人可能都被狭隘伤害过。比如，你是一个有能力的职工，可是领导偏偏不重用你，有何好事全照顾自己的亲信；你是一个正直诚实的雇员，但因为你的正直诚实偶然得罪了老板，于是你经常被"穿小鞋"，受累受气；或者仅仅因为你是一个残疾人，就遭尽了别人的白眼；仅仅因为你自作主张过一次，就永远和"不听话""太自由"等字眼挂上了钩……所有这些，不是狭隘是什么？

那么，是什么导致了狭隘思想？一般说来，封闭是造成狭隘的一个重要原因，另外还有出身、阅历、性格、修养等多种因素。所谓封闭，有外在环境的封闭，也有内在心灵的封闭，有时候两者是合二为一的关系。狭隘的产生同家庭中不良因素的影响有很大关系。父母狭隘的心胸、为人处世的方法、不良的生活习惯等对子女有潜移默化的影响。有些子女狭隘的性格完全是父母性格的翻版。另外，优越的生活环境、溺爱的教育方法往往易养成子女任性、骄傲、利己主义等品质，自然受点委屈便耿耿于怀，对"异己"的人不肯容纳与接受。尤其是一些年轻人，阅历浅、经验少，遇到问题后，容易把事情想得过于困难、复杂，加之对自己的能力估计不足，对事情感到无能为力，因而容易紧张、焦虑，放心不下。

狭隘的人，不仅生活在一个狭窄的圈子里，而且知识面也往往非常狭窄。因此，开阔的视野很重要。例如，多参加一些社会公益活动，参观一些伟人、名人纪念馆，听英雄人物事迹报告会等。这能使你在亲身经历中感悟很多人生道理。也可以丰富业余文化生活，参加多种多样的文娱、体育活动，拓宽兴趣范围，使自己时刻感受到生活、学习中的新鲜刺激，感受到生活的美好，陶冶性情，从而在健康向上的氛围中增强精神寄托，消除心理压力。

狭隘的人，其心胸、气量、见识等都局限在一个狭小范围内，不宽广、不宏大。因此要多与人接触，使自己对不同的人有不同的认识，从而积累经验，从中明白许多对与错的道理。善于宽容是人的一种美德。对任何事都斤斤计较，一定是一个狭隘的人。受情绪、认知等影响，这种人会产生一些非理性的行为，甚至会导致难以预料的后果。

一个人活在世上，就要充分地挖掘生命的潜能，为自己也为别人留下有价值的东西。一旦把眼光放在大事上，个人一时的得与失就算不上什么了，对整体、全局有利的人与事就都能容纳与接受。抛开"自我中心"，就不会遇事斤斤计较，"心底无私"才能"天地宽"。

此外，在闲暇时不妨走出家门，到大自然中去领略它的博大、美丽。大自然会让人感到自身的渺小，培养豪迈气概，有利于走出狭隘的内心世界。

越看新闻心越慌——信息焦虑

在信息爆炸时代，人们对信息的吸收是成平方数增长的，但人类的思维模式还没有很好地调整到可以接受如此大量信息的阶段，由此造成一系列的自我强迫和紧张症状，这些症状非常接近精神病学中的焦虑症症状。它通常出现在年龄从 25 岁到 40 岁之间的高学历者身上，常常在没有任何病理变化，也没有任何器质性改变的前提下突发性地出现恶心、呕吐、焦躁、神经衰弱、精神疲惫等症状，女性还会并发停经、闭经和痛经等妇科疾病。其发病间隔不一，起病时间也不一定。

现代社会，大量地吸收信息有时候并非是由于人的主动意识，在大多数情况下，是一个出于工作需要的被动行为，在相当程度上可以认为是被逼无奈。从日常生活上看，每天连续看电视、听广播的人和每天都泡在图书馆或上网查阅资料的人都很容易引发焦虑。

世界卫生组织曾经发表的一份专家报告预测中指出，目前就全球范围而言精神病已经成人类的第二杀手，仅次于癌症。而焦虑症或过度焦虑则属于精神病科的高发症。大家都会有类似的感觉：有一天你的心情好极了，而第二天你的心情却又糟糕透了。两者相比可以说一个是天堂的快乐，一个是地狱的痛楚。其实引起这种截然不同情感的事件和客观理由都是次要的。我们也许并没有意识到，真正严重地影响我们情感的是自己的心情。

　　人类的心理疾病并没有随着医学与心理学的发展而得到缓解，相反的，科技与文明把人的心灵变得更为拥挤和孤独。所谓的知识焦虑症就是这个时代的产物。它本身属于一种焦虑症的异化形式。由于生活或工作环境的瞬息万变，使得许多人对未来无法确定，甚至充满恐惧。这就必然会造成心理上的紧张、急躁，严重的甚至可能会引起一系列的生理反应。如果不懂得适时地放松和调节，就极有可能会给精神及生理造成伤害。

　　一般来说，信息焦虑综合征的症状表现可分为三种类型：第一种是信息消化不良。患者在短时间内接收到大量信息，却来不及对之进行处理，时间一长，便会出现偏头痛、头昏脑胀、注意力分散等现象，比较严重的还可能会导致高血压、心律不齐、紧张性休克等。第二种是信息干扰。患者大脑中可能同时贮存着大量同类信息，对于各种信息接触过多，如果不善于分析和处理，就会变得思绪混乱，判断力下降，同时带来一系列情绪上的困扰，甚至是生理不适。第三种是信息恐惧。由于知识更新过快，患者不得不拼命学习新的知识。有些人就因此而顾虑重重，感到自己负担过重或担心跟不上时代的发展，最后出现惶恐不安、失眠健忘、食欲不振、心悸气短等症状。

　　值得庆幸的是，信息焦虑综合征本身并不可怕，也不用担心它会转变为精神疾病，只要你能意识到它起病的原因，并正确对待，还是可以有效缓解其症状的。以下的方法可以帮助你：

（1）一定要保证每天有充足的睡眠，一般应该保证有八个小时或更多，每天睡前坚持锻炼15分钟，尽量过有规律的生活，可以适当减少不必要的娱乐活动。

（2）提醒自己每天尽量减少接触各种信息量较大的媒体，最好不要超过两种，尽量避免大量信息对自己的刺激。

（3）给每天的工作制订一个计划，尽量减少意外情况的发生，并且尽量按照计划行事。

（4）注意饮食习惯，去除不良习惯，增加绿色蔬菜的食用量，保证每天的饮水量，最好不少于三千至四千毫升。同时彻底减少食用刺激性食物的机会，严禁饮酒。可以在医生指导下适当补充维生素C和营养神经的药物。

当患者对所谓的信息焦虑综合征有了一个清醒认识之后，就可以很容易地将之摆脱，重返正常生活。

翻来覆去就是睡不着——失眠

睡眠是人生的不解之谜，也是人生的快乐所在。而对于有些人来说，却不容易享受到睡眠的快乐。随着社会节奏的加快，越来越多的人出现了失眠的症状。

失眠通常指人们对睡眠时间或质量不满足且影响白天社会功能的一种主观体验。由于失眠而造成的其他症状众多，包括难以入睡、睡眠不深、易醒、多梦、早醒、醒后不易再睡、醒后不适感、疲乏、白天困倦等。失眠容易引起当事人焦虑、抑郁或恐惧心理，并导致精神活动效率下降，妨碍社会功能。

一般说来，我们睡眠时间的长短，决定了一个人的睡眠够不够，因为一天中所需的睡眠时数因人而异，有人一天只睡四五个小时就够了，但有人一定要睡上十个小时才觉得有饱足感。更多时候我们认为，失眠是一种症状，而不是一种疾病，就像发烧或腹痛一样，只是一种疾病的象征，必须找出潜在的病因加以治疗，不应只是治疗失眠的症状而已。

失眠依病程时间的长短分为短暂性失眠（短于1星期）、短期性失眠（1—3星期）及长期性失眠（长于3星期）。短暂性失眠，几乎每个人都有经验，当你遇到重大的压力、情绪上的激动，都可能会遭受当天晚上失眠的困扰。短期性失眠的病因和短暂性失眠的症状有所重叠，只是时间较长，往往需要数星期。长期性失眠，是患者至失眠门诊求诊中最常遇到的疾病类型，其病史有些达数年或数十年，必须找出其潜在病因，才有痊愈的希望。

最容易出问题的地方在于不规则的睡眠模式、工作或学习到很晚、白天经常睡觉或者睡得过多，早晨起得又太晚。容易出问题的睡眠会导致社会、职业、生理或者心理压力。失眠倾向会不断恶化，因为不利的影响会在你睡眠时反复出现在脑海里。你很担心睡不着，结果就更难以入睡。你越是努力入睡，越是难以睡着。如果你白天所处理或该面对的事没有处理好，甚至带给你颇多的困扰，当累积到一定的程度后，你的思绪仍会持续到睡眠的时候，最后可能导致失眠的产生。失眠的困扰一旦来临，代表着我们的心理困扰已超越了其能容纳的临界点，此时势必要对引起我们困扰的事物加以处理，勿使失眠的情况恶化。

许多研究表明，失眠可能引起的对心理健康的伤害比起生理方面来要严重得多。一个人在失眠之后，往往感到情绪不稳定，容易激动、烦躁不安、好发脾气，造成所谓"焦虑"的精神状态。或者恰恰相反，对什么事情都提不起兴趣、漠然视之，对事物的反应相当迟缓。失眠所引起的这种消极心理后果，其根本原因不在失眠本身，而恰恰在于不良的心理因素——对失眠的"自我暗示"。现实生活中不难发现，长期失眠的人多是"自我暗示"极强的人。由于这种强烈的自我暗示，失眠者在经历几次失眠后，变得忧心忡忡，对睡眠产生一种莫名的恐惧感，如此失眠和暗示交替复始，便形成了恶性循环，结果酿成严重的心理创伤。

要想恢复良好的睡眠，首先从情绪入手，缓解过度的紧张。睡眠是中枢神经系统的一种主动抑制过程，任何一皮层区域产生的抑制过程广泛扩散，并扩布到皮层下中枢时，才能引起睡眠。如果情绪过度紧张、焦虑不安、瞻前顾后，就会在皮层相应的区域形成一个很强的兴奋灶，干扰入睡抑制过程的扩散，所以难以入睡。无论多么重要的考试、比赛或其他重大事情，在经过反复认真地准备之后，直至临战前夕，都应充分相信自己，坚定必胜的信念，做些轻松的运动或娱乐使精神放松，消除对成败的种种顾虑及杂念，这是得以安眠的重要前提。

其次，应纠正对睡眠的种种误解，消除对失眠的畏惧心理。失眠应被看做是一种心理障碍而不是生理疾病。尽管引起失眠的原因是多种多样的，最主要的是精神因素、心理因素和环境因素三大类，也有一些是因为其他疾病和服用兴奋性酒精、饮料、茶水等所引起的。

有人以为"要是少睡了多少时间，就得补多少时间，否则就会影响精力"，这是没有科学道理的。很多人有这样的体验，在战争或其他非常紧要时期，即使少睡了一些时间，同样也会感到精力充沛，这说明人是有很大潜力的。人的精力和体力都具有一定的保险系数。所以即使一时难以入睡，你也千万不要着急；相反，越急就越难入眠。

创造一个较好的睡眠条件也有助于人的安眠。尽量养成每天同一时间上床睡觉,上床后不想其他的事,不睡懒觉的习惯。睡懒觉是失眠的开始,不要有"由于昨晚没睡好第二天早晨多睡一会儿"的想法。不睡懒觉按时起床很重要,虽然次日可能出现头晕乏力,不想活动,但持续几天后反而会促发睡意。保持卧室环境安静、昏暗、温度适宜,床铺和被褥清洁、舒适,为快速入梦创造一个最佳环境。

饮食失调是一种心理病——厌食与暴食

1. 厌食症

厌食症是指一个人怕胖而少量或不愿进食,有意地严格限制进食,使体重下降至明显低于正常标准或严重的营养不良,此时仍恐惧发胖或拒绝正常进食为主要特征的一种进食障碍。厌食症患者的年龄通常在15—25岁之间,女性比男性多十倍以上。

与其他精神障碍相比,厌食症在社会经济地位较高的女性和高学历人群中最常见。对体型和体重持有歪曲的看法和态度。苗条和减肥是她们最为关注的，而个体的努力就是为了避免体重增加和变胖。对另一些人而言，对体重的过分关注和控制反映了她们缺乏自信以及力图控制生活某一方面的愿望。在她们看来，再瘦一点会让自己感觉更好——这使得她们永远都不会对自己的外貌满意，减肥也就这么一直持续下去。

减肥一般是从正常的节食开始的，但慢慢就发展成了十分挑剔和严格的热量限制和剧烈漫长的生理活动。食物限制和身体锻炼形成了强迫性。开始的时候是不敢吃，到后来，营养极度缺乏，身体消瘦，对食物有强烈的欲望，这样的节食坚持不了几天就会禁不住食物的诱惑，大吃一顿。为了不导致发胖，就采用吃泻药或自我催吐的方法，使吃下去的食物迅速排出体外，然后再继续开始节食，控制不住了再暴吃一顿。如此周而复始，出现了贪食的症状。到了后来，为了控制自己的食欲，干脆自行服用食物抑制药，但这些药会使人情绪低落，反应能力下降，甚至完全没有食欲，继而开始厌食。

虽然厌食症患者回避吃东西，但他们对食物还是很关注的。他们会花很多时间思考食物，并为自己或他人烹调，或看着别人把食物吃掉。他们承认自己会梦到食物，有饥饿的疼痛感，也保持着一定的食欲。大多数的厌食症患者存在歪曲的身体意象，他们过分高估了自己的体重，对自己的体型很不满意。轻度抑郁、强迫症以及焦虑等心理问题普遍存在于厌食症患者中。

除了与某些遗传因素有一定的关系外。个体的易感因素是产生厌食的一种原因。这类患者一方面常常争强好胜、做事尽善尽美、喜欢追求表扬、自我中心、神经质，而另一方面又常表现出不成熟、不稳定、多疑敏感、对家庭过分依赖、内向、害羞等。

2. 暴食症

当一些人以过度节食和过量运动来减肥时，其体内自卫机制不会含糊，为了保证其身体健康会不断促使患者进食，直至体重及脂肪比例回到正常水平。但很多人并不清楚是这个机制的作用，会在暴食后感觉羞耻和无助，并企图用呕吐、过度运动或吃泻药来消灭暴食后果，结果形成了一个暴吃与狂呕的痛苦循环，甚至多年不能自拔。

暴食症是用来处理压力以及不愉快感觉的一种方式，患者在生理上并不需要进食，而在心理上却有长期饥饿的感觉。这种饥饿感源自心理需要，并非单靠食物便能解决。病患只觉饥饿难耐，但疯狂进食后又会马上以抠喉、服泻药等方法拼命把食物呕泻出来，用尽各种方法避免体重增加。但这样做并不能真正起到解除心理压力的作用，反而使"吃"变成了处理焦虑不安、寂寞和生气的不当方式。由于很多暴食症患者暗地暴饮暴食然后呕泻并且能够保持正常或超正常体重，所以他们可以隐藏他们的问题许多年。

暴食症的罹患因素与厌食症类似，皆由各种问题所导致，不同的是，暴食症的发病因素较为严重与复杂，存在一种持续的难以控制的进食和渴求食物的优势观念，并且患者屈从于短时间内摄入大量食物的暴食发作。此症患者有要求完美、忧郁、焦虑、强迫人格等倾向。个性上，厌食症者偏内向、敏感，暴食症者则较外向、易怒。一般来说，完美主义者、做事一丝不苟的人比较容易产生摄食障碍。厌食症患者通常认为能够自己控制饮食的行为非常完美，患有暴食症的人却会认为自己的行为很悲哀。所以一旦患有暴食症，患者往往会产生严重的自我厌恶感，会认为自己很差劲，甚至丧失生存的力量。

大多数暴食症患者都认为自己没有吸引力，害怕变胖，觉得自己比实际体重要重。与厌食症患者相比，他们控制体重的努力是混乱的：克制的饮食行为常常被反复的、持续时间较短的不可控进食破坏，随后又会出现挽救其后果的行为。暴食中消耗的食物量是巨大的，他们吃东西并非为了寻求快乐，相反，他们吃东西都是秘密的、快速的和囫囵吞枣式的。在这些行为之前通常会出现身体或心理紧张，进食只是为了缓解这种紧张。在暴食时，个体会感到无法控制自己的行为；但吃完以后，负罪感、自责和抑郁便随之而来。不久，患者又会找到呕吐或排泻作为对暴食行为的补偿和惩罚。暴食行为和"抗暴食"的循环就这样完全控制了患者的生活。

总喜欢引人注意——表演型人格障碍

表演型人格障碍典型的特征表现为心理发育的不成熟性，特别是情感过程的不成熟性。具有这种人格的人的最大特点是做作、情绪表露过分、总希望引起他人注意、经常感情用事、用自己的好恶来判断事物、喜欢幻想，言行与事实往往相差甚远。

表演型人格障碍产生的原因目前尚缺乏研究，一般认为与早期家庭教育有关，父母溺爱孩子，使孩子受到过分的保护，造成生理年龄与心理年龄不符，心理发展严重滞后，停留在少儿期的某个水平，因而表现出表演型人格障碍的特征。另外，患者的心理常有暗示性和依赖性，也可能是此类型人格产生的原因之一。

表演型人格障碍的表现一般有以下几个方面：

喜欢引人注意，而且情绪带有戏剧化色彩。这类人常常喜好表现自己，而且有较好的艺术表现才能，唱说哭笑，演技逼真，具有一定的感染力。有人称他们为伟大的模仿者、表演家。他们常常表现出过分做作和夸张的行为，甚至装腔作势，以引人注意。

高度的暗示性和幻想性。这类人不仅有很强的自我暗示性，还带有较强的被他人暗示性，常常依照别人对自己的评价行事。他们常好幻想，把想象当成现实，当缺乏足够的现实刺激时便利用幻想激发内心的情绪体验。

情感极其容易发生巨大变化，容易有情绪起伏。这类人情感丰富，热情有余，而稳定不足，情绪炽热，但不深厚，因此他们情感变化无常，容易激情失衡。对于轻微的刺激就有情绪激动的反应，大惊小怪，缺乏固有的心情，情感活动几乎都是反应性的。由于情绪反应过分，往往给人一种肤浅、没有真情实感和装腔作势甚至无病呻吟的印象。

常常把玩弄别人作为达到自我目的的手段。用多种花招使人就范，如任性、强求、说谎欺骗、献殷勤、谄媚，有时甚至使用操纵性的自杀威胁。他们的人际关系肤浅，表面上温暖、聪明、令人心动，实际上完全不顾他人的需要和利益。

高度的以自我为中心。这类人喜欢别人的注意和夸奖，只有投其所好和取悦一切时才合自己的心意，表现出欣喜若狂，否则会不遗余力地攻击他人。此外，此类患者还有性心理发育不成熟的特点，表现为性冷淡或性过分敏感。

表演型人格障碍的人的情绪表达常常比较过分，旁人常无法接受。所以这类人要改变这种情况，首先要做的便是向自己的亲朋好友做一番调查，听听他们对这种情绪表达的看法。对他们提出的看法千万不要反驳，相反，听取意见以后要扪心自问，弄明白这些情绪表现哪些是有意识的，哪些是无意识的，哪些是别人喜欢的，哪些是别人讨厌的。对别人讨厌的要坚决予以改进，而别人喜欢的则在表现强度上力求适中，对无意识的表现，可将其写下来，放在醒目处，不时地自我提醒。此外，还可请好友在关键时刻提醒一下，或在事后请好友对自己今天的表现做评价，然后从中体会自己情绪表达过火之处，以便在以后的情绪表达上加以控制，达到自然、适度的效果。

总之，对于表演型人格障碍患者或者有这个倾向的人来说，关键在于认清自己的行为缺陷，在适当的时机，还可以发挥自己的表演才华，完全没有必要自暴自弃。

恨不能天天宅在家里——社交恐惧症

社交恐惧症是一种对任何社交或公开场合感到强烈恐惧或忧虑的心理疾病。患者对于在陌生人面前或可能被别人仔细观察的社交或表演场合，有一种显著且持久的恐惧，害怕自己的行为或紧张的表现会引起羞辱或难堪。有些患者对参加聚会、打电话、到商店购物或询问权威人士都感到困难。

现在，社交恐惧症是在世界范围内研究较多的一种心理疾病，在世界各国精神疾病的诊断标准中，它已经作为一个独立的疾病单元而存在。

社交恐惧症本身是一种常见的、能力受损的精神健康问题，过分害怕别人的凝视是该症一个明显的特征。只要身在社交或公共场合的环境中，患者就出现紧张、焦虑，严重时可出现惊恐发作，并可能会伴随躯体症状，比如颤抖、脸红、出汗、心悸、呼吸困难、腹痛等。一般来说，患者会自动回避绝大部分的社交活动，并因此而导致自己社交功能减退或者职业功能受损，并继发情绪低落。

一般情况下，大多数人或多或少地对跟陌生人接触有些害怕。但是，社交恐惧症患者，不是简单的害怕接触陌生人，他们总是处于一种焦虑状态。他们害怕自己在别人面前出洋相，害怕被别人观察。所以，与陌生人交往，甚至在公共场所出现，对他们来说都是一件极其恐怖的任务。

社交恐惧症主要可以分成两类：

1. 一般社交恐惧症

如果有人患了一般社交恐惧症，在任何地方、任何情境中，都会害怕自己成为别人注意的焦点。可能会感觉到周围每个人都在看着自己，都在观察自己的每个动作。患者害怕被介绍给陌生人，甚至害怕在公共场所进餐、喝饮料，所以患者会尽可能回避去商场，也尽可能回避进餐馆。

2. 特殊社交恐惧症

如果有人患了特殊社交恐惧症，他就会对某些特殊的情境或场合特别恐惧，比如害怕当众发言、表演。但是在一些不同的社交场合，有些人却并不感到紧张或焦虑。像推销员、演员、教师、音乐演奏家等等这样的群体，经常会患有特殊社交恐惧症。他们在与别人的一般交往中，并没有什么异常，可是当他们需要上台表演或者当众演讲时，他们会感到极度的恐惧，常常变得结结巴巴，甚至愣在当场。

社交恐惧症患者总是担心自己会在别人面前出丑，在参加任何社交聚会之前，他们都会感到极度的焦虑。他们会想象自己如何在别人面前出丑。当他们真的和别人在一起的时候，他们会感到更加不自然，甚至说不出一句话。当聚会结束以后，他们会一遍一遍地在脑子里重温刚才的镜头，回顾自己是如何处理每一个细节的，自己应该怎么做才正确。

这两类社交恐惧症都有类似的躯体症状，比如口干、出汗、心跳剧烈、有腹痛的感觉等。周围的人也可能会看到一些表现，像脸红、口吃、轻微发抖等。有时候，患者还会发现自己呼吸急促、手脚冰凉，最糟糕的情况是，患者会进入惊恐状态。所以，社交恐惧症是非常痛苦、严重影响患者生活工作的一种心理障碍。一般人能够轻而易举办到的事，社交恐惧症患者却望而生畏。患者会认为自己是个乏味的人，并认为别人也会那样想。于是患者就变得过于敏感，更不愿意打搅别人。而这样做，会使得患者感到更加焦虑和抑郁，从而使其症状进一步恶化。

许多患者改变他们的生活来适应自己的症状，他们（和他们的家人）不得不错过许多有意义的活动。他们不能去逛商场买东西，不敢带孩子去公园玩，甚至为了避免和人打交道，他们不得不放弃一些很好的工作机会。

对社交恐惧症的治疗，一般是通过逐步递增社交的情境而增加对恐惧的耐受性，从而达到消除社交恐惧反应的效果。

首先要不断地告诉自己，这种恐惧是可以消除的，并正确认识人与人交往的程序，了解与人交往的方法。

其次要查找出使自己产生社交恐惧的事物种类，挖掘心灵深处的根源。然后在一个假想的空间里，不断地模拟发生社交恐惧症的场景，不断练习重复发生症状的情节，并不断鼓励自己勇敢面对这种场景，以便从假想中适应这种产生焦虑紧张的环境。

第六章

销售心理学

克服销售中的胆怯心理——心理修炼

害怕自我推销的行为，在职业销售方面就表现为客户拜访时的胆怯。它以多种形式出现，会给职业销售人员的绩效带来不同程度的损害。

胆怯、怕被拒绝是新销售员常见的心理障碍，通常表现为：外出拜访怕见客户，不知道如何与客户沟通，不愿给客户打电话，担心不被客户接纳。

销售的成功在于缩短和客户的距离，通过建立良好的关系，消除客户的疑虑。如果不能与客户主动沟通，势必丧失成功销售的机会。

销售人员需要克服胆怯。一位销售经理曾这样说他的经验："如果我的业务员问我怎样克服胆怯害怕的心理，我通常建议他尝试做一件事：找机会多参加大型的集会。先别忙着找座位，待到主持人宣布活动正式开始时，你再鼓足勇气径直走到前台一二排嘉宾席或领导席，寻个空位子坐下。甭担心，那地方一般都会有不少空座位，来宾彼此也未必全认识，无法识破你是一个无关紧要的局外人，出于礼貌，他们还会跟你客气，与你搭讪。"

胆怯并非全来自外界的强大威胁，更多的时候源于自身的虚幻压力和对能力的怀疑。人或多或少都会有些惰性，自卑心理无时不在暗示我们：威胁无处不在。有了这样的幻觉，胆怯便会趁机膨胀起来，并且被放大到夸张的程度，令人失去信心，这样放弃便有了可下的台阶。不可为而为之是鲁莽，可为而不敢为便是怯懦了。还是让我们记住一句话吧："大量的人才失落在尘世间，只因缺少一点勇气。"

普通人会从令人恐惧的境地绕路走开，避免自己心生恐惧；而勇敢的人则强迫自己去迎战恐惧，去做那些让普通人恐惧的事。

给顾客留下良好的第一印象——形象修习

营销专家告诫涉足营销界的同仁们：在营销产业中，懂得形象包装，给人良好的第一印象者，将是永远的赢家。

推销大师法兰克·贝格曾说过，外表的魅力可以让你处处受欢迎，不修边幅的推销员给人留下第一眼坏印象时就失去了主动。

推销行业处处以貌取人，衣着打扮光鲜、品位好、格调高的推销员，往往占尽先机。然而，这并不意味着打扮得越华丽越好。对推销员来说，最重要的是打扮得适宜得体，这样才能得到顾客的重视和好感。得体的衣着是仪表的关键，所以推销员应该注意自己的服饰与装束。

服饰在个人形象里居于重要地位。莎士比亚曾经说："一个人的穿着打扮，就是他的教养、品位、地位的最真实写照。"在日常工作和交往中，尤其是在正规的场合，穿着打扮的问题越来越引起现代人的重视。从这个意义上说，服饰礼仪是人人应该认真考虑、面对的问题。

有人以为服饰只要时髦、昂贵就好，其实不一定。合适的穿着打扮不在奇、新、贵上，而在于你的穿着打扮是否与你的身份、年龄、体型、气质、场合等相协调。正如哲学家笛卡尔所说，最美的服装应该是"恰到好处的协调和适中"的。

俗话说，人靠衣装，马靠鞍。从某种程度上说，得体的衣着打扮对于销售人员的作用，就相当于一个赏心悦目的包装对于商品的作用。如果你在第一次约见客户时就穿着随便，甚至脏乱邋遢，那么你此前通过电话或者电子邮件、信件等建立的良好客户关系可能就会在客户看见你的一刹那全部化为乌有。你要想令客户对你的恶劣印象发生转变，那就要在今后的沟通过程中付出加倍的努力，更何况有时候不论你付出多少努力，客户都会受第一印象的左右而忽视你的努力。

在选择服饰时，销售人员应该注意一点，那就是不论任何服饰，都必须是整洁、端庄的，而且服饰的搭配必须和谐，千万不要为了追求新奇而把自己打扮得不伦不类。

最有效的就是坦诚——理智型客户

理智型的人主要的特征有：冷眼看世界，抽离情感，喜欢思考分析，知识很多，但缺乏行动，对物质生活要求不高，注重精神生活，不善于表达内心感受；想借此获取更多的知识，以了解环境；面对周遭的事物，他们想找出事情的脉络与原理，作为行动的准则。有了知识，他们才敢行动，才有安全感。他们的思考模式是：当要解决一个问题或者要做出一个决策的时候，习惯先收集大量资料和数据，或者请教有经验的专家。将多方面收集到的大量信息进行综合分析，并从这些信息和数据中找出规律，找出它们之间的内在联系或者逻辑关系。善于利用这些分析、思考、推论、判断来做决策，或者制定解决问题的策略。

理智型客户办事理智、有原则，这类客户不会依关系的亲疏来选择供应商，更不会基于个人的感情色彩来选择对象。这类客户大部分工作比较细心、负责任，他们在选择供应商之前都会做适当的心理考核比较，得出理智的选择。这种客户严肃冷静，遇事沉着，不易被外界事物和广告宣传所影响，会认真聆听销售人员的建议，有时还会提出问题和自己的看法，但不会轻易做出购买决定。

对于理智型客户，销售员强行公关、送礼等方式都不适用，最好、最有效的方式就是坦诚、直率的交流；不可以夸大其词，要该怎么样就怎么样，把自己的能力、特长、产品的优劣势等直观地展现给对方；给这类客户承诺的一定要做到，能做到的一定要承诺到，这就是最好的公关方式了。

与这类顾客打交道，销售建议只有经过对方理智的分析和思考，才有被接受的可能；反之，拿不出有力的事实依据和耐心的说服证明，推销是不会成功的。

客户不都是以情来诉求的，其中一定有必须以理来诉求的客户。遇到这种客户，一定注重运用理性的方法来应对。

如果无法以理性的方法去处理，将会使客户认为你的专业知识不够，从而失去客户的信任。

一定要站在他的角度——抢功型客户

我们先来了解抢功型客户的特点，这类型的客户一般不会是公司的大领导，也不会有很大的权力，但是这样的客户有潜力，其地位一般处于上升趋势。这样的客户眼光重点定位在质量上，在价格上只要适当就可以了。这样的客户有的时候会出现自己掏钱为公司办事情的情况，在公司为了表现自己也经常吃哑巴亏。

对于抢功型客户，销售员必须采取的应对方式是：一定要站在客户的角度着想，千万不可以伤害其自尊心，在质量上一定要把好关；这样的客户不需要保持太紧密的联系，只要在日常的工作中给予适当的帮助，为客户在自身公司的发展做点力所能及的事情就可以了；在节假日给予适当的问候，保持长期的联系，因为这样的客户很有可能会发展成为未来的潜力客户。

在销售过程中，我们必须让此类客户相信我们产品的品质，为了更好地达到此目的，可以采取一些相应的销售技巧，比如要善于与一线品牌做比较。

作为终端销售人员，要对竞争对手的产品了解透彻，只有这样，才能更好地解说我们的产品。同时，在销售的过程中，应尽量把我们产品的质量、功能、性能与一线品牌靠近，拉近我们与一线品牌的距离。

同时，保持一定的沉默，也是一种有效的销售技巧。闭上嘴的目的在于腾出时间与空间来让客户表达，销售人员则成为一个专注的聆听者。闭上嘴的另一大作用，是给自己时间与空间来思考客户的谈话内容，以抓住客户的需求点。发言是一种表达，聆听是一种美德。具有如此美德的销售人员，客户怎么会拒绝呢？

要真诚聆听客户的谈话，并不时通过表情或简短的语句回应客户的谈话内容。聆听是给客户谈话时间，这能使客户感受到自己受到了尊重，反过来会更加信任并尊重销售人员。所以，在谈话未完成之前，不要随意打断客户的谈话，认真聆听的态度会给客户留下好印象。

适当的表情或回应的语句会激起客户继续谈话的兴趣。因为你的回应表明他的谈话正在受到关注，从而有兴趣与你继续沟通与交流，这样不仅能增加营销机会，而且将获得更多的客户需求信息。选择适当时机提问，确认你需要的信息，而这对于客户谈话的内容也是一种认可。

在适当的时机提问，不仅表明你在认真聆听客户的谈话，而且也在认真思考客户谈话的内容，这会让客户有受到重视的感觉，并能引导客户谈出有利于营销的内容，这将利于你对客户心理需求把握得更准确。

坚持就事论事——刁蛮型客户

我们先来分析一下刁蛮型客户的特点：这样的客户在第一次交往中会表现得很好，显示自己是来自一个很好、很有信誉、很有实力的公司，有时甚至会出现你开 800 元他给你 1000 元的情况。这样的客户在和我们交谈的过程中基本上是不会准备好资料的，希望所有的资料都由我们来准备，也不会在价格上和我们斤斤计较，在质量上也不会提苛刻的要求。他们会想方设法设置一个陷阱，找借口说时间非常着急，其实真正等你做完了，他一点也不着急要货，往往是想通过一些无关紧要的问题干扰你的思绪，尽量使你的操作出现些问题，到时候好抓把柄找麻烦。

对于这类客户，我们所要采取的方法是：千万不可以马虎，更不可以为客户的表现所动心，在所有的操作上一定要积极客观，不能被动，价格是怎么样就怎么样，质量是怎么样就怎么样，制作之前一定要由客户亲自确认签字，否则绝对不可以操作下去。对客户要求的时间也不可以随便承诺，给自己施加压力，预付款一定要收，合同一定要签，绝对不可以先做事再谈价格。总之对于这样的客户一定要先小人后君子，不见兔子绝对不可以撒鹰，不可放松大意。

凡是从事过服务业的人一定遇到过不讲理的客户。对这样的客户，应该采取适当的方式来教训他们一下。下面笔者举一个朋友的事情做例子。

小周遇到过一个韩国食品企业客户，其品牌知名度尚可，但产品品种非常单一，在市场上几乎只能看到一种类型的食品，且数十年都没有新产品推出。他们想招一个销售经理，专门负责和卖场打交道，并希望其通过自己的关系和渠道，把他们的货品打进那些大卖场。小周做了市场调查之后，发现没有同类企业的销售主管愿意去，除了以上原因外，还包括有很多人不认同韩国公司的企业文化，觉得不是职业发展的最佳雇主。

由于这个单子是另一个离职的同事转给小周的，所以在小周接到这单时，同事已帮这个客户操作了很长一段时间，但无功而返。小周接手之后，给客户提了很多建议，包括提供调查报告和一些职位调整方案，但对方均没有采纳，而且不给小周任何回复。

本以为这件事就此结束了，可三个月之后，这个客户突然找上门来兴师问罪，说耽误了他们的招人进度，要他们承担责任。对如此不讲理的客户，小周采取的是先礼后兵。先是向他们列举了自己所做的一切，说明是在得不到对方任何支持和反应的前提下，才没有进一步的动作，并不是我们违反条款和服务不周。客户听后依然强词夺理，要求小周马上服务，但被小周严辞拒绝了。对方一看没招了，就说要投诉小周，小周听后没有慌张，马上把老板的电话报给了对方，但同时要求对方也把他们老板的电话报给小周。对方听了非常意外和紧张，问："你为什么要知道我老板的电话？"小周回答说:"你在这个岗位上的不专业、不配合,才导致这个销售经理的人选迟迟没有到位,我要向你老板建议,在找到这个销售经理之前,应该先找一个代替你的人,正因为你这一个环节的不得力,整个招聘流程才无法顺利进行。"

面对刁蛮型客户,首先你不要被他的气势吓倒,而是应该就事论事,指出解决问题的关键所在。小周作为经验丰富的专业顾问,发现了根本问题,并且一招击中了客户的要害。结果可想而之,那个刁蛮的客户被小周专业的态度吓退,乖乖地进行了配合。

不可过分纵容——关系型客户

关系型客户的特点是:在先有朋友关系后成业务交往,这样的客户操作如果没有把握好一个介于朋友和客户之间的度,就很容易导致业务做不好,朋友关系也搞砸了。尤其是在服务行业,朋友介绍朋友、朋友需要帮忙等等的业务时常会出现。

根据这种特点,销售员应该采取的应对方式有:对于这种关系的客户一定要有原则,不该收的款千万不能收,该收的一定要谈好。

帮忙和生意一定要分开。如果遇到总是喜欢占便宜的朋友客户，一定要注意小单子可以帮忙做，需要花费一定成本费用的大单子，要么在双方谈好后一切按正规方式操作，要么就委婉地推掉，千万不能占小便宜。

与客户初次见面或交情尚浅，不好开门见山直奔主题，不好要求"请你跟我签下100万元订单"。这就好像我们在街上遇到漂亮的女孩，虽然看着喜欢，却不可以跑上去跟她讲"请你嫁给我吧"。

要增进了解，第一步是找机会相处。笔者所服务的企业，对营销人员有"四勤""三责任"之要求。"四勤"是"勤访客户，勤当消费者，勤当旁观者，勤做导购员"；"三责任"是"客户赚不到钱是我们的责任，客户卖得不好是我们的责任，客户不满意更是我们的责任"。勤访客户的标准是，1个月中至少有20天是必须出差在外的，做这样的规定，就是为了让营销人员花时间与客户多相处。

销售人员对目标客户应该紧盯不放，但又不能让对方产生反感。我们拜访客户，有所谓的"成功五步诀"：第一次，拜访客户，没被赶出来；第二次，给对方名片而没被当场扔掉；第三次，客户肯给你一张名片；第四次，肯给你5分钟时间介绍企业与产品；第五次，肯接受你的邀请吃一顿饭。

王经理通过朋友引荐与一家零售巨头谈判，希望产品能进驻其名下的卖场。但对方开出的条件实属苛刻，叫人难以接受。多谈无益，王经理就明确告之自己的底线，并略为透露说同城的另一家商业巨头正有意同他合作。此后一周的时间，王经理对该零售巨头做了"冷处理"。王经理态度的变化，使对方顿感失落，而竞争者的加入，愈发增加了其危机感。权衡之下，这家零售巨头回过头来主动向王经理示好，最后他们成功"联姻"了。

一味迎合退让，只会让人看不起；不亢不卑才是正确的交友、为商之道。

恰到好处的言谈举止——心理吸引

交往中的姿态，是一个人是否有教养的表现。

如果你在销售过程中想给对方一个良好的第一印象，那么你首先应该重视与对方见面的姿态表现，如果你和人见面时耷拉着脑袋、无精打采，对方就会猜想也许自己不受欢迎；如果你不正视对方、左顾右盼，对方就可能怀疑你是否有销售诚意。

初见面时，如果能保持恰到好处的举止，给对方留下好的印象，将有助于你推销业务的成功。下面介绍初次见面时身体各部位的姿态姿势，供推销员们参考。

一是手的动作。身体语言中手的动作非常重要，善于利用手势能提高推销效果。比如：在公司为客人带路时，要说"请这边走"，介绍公司各个部门时要把手微微斜举，手掌朝外。在拜访客户时，如果客户端茶水让你喝，应轻屈中指和食指在杯子旁边微敲两下，以示感谢，同时也应把谢字说出口。

二是眼睛动作。要正确使用目光，首先得了解它的礼节。目光礼节同有声语言以及其他礼节一样，因民族和文化而异。比如，美国人在跟别人交谈时，习惯于用眼光打量对方，认为这是自信、有礼貌的表现。而日本人在面对面的交谈中，目光一般常落在对方的颈部，眼对眼则被看做一种失礼行为。在中国，对目光有礼节要求，一般忌讳用眼睛死死地盯着别人，认为大眼瞪小眼地看人是没有礼貌的表现。礼貌的做法是：用自然、柔和的眼光看着对方双眼和嘴部之间的区域。目光停留时间占全部谈话时间的30%—60%，也就是说，既不盯着对方看，也不眼珠来回转动。

三是坐相。当客户请你坐时，记得说一句"谢谢"再坐下。坐满整个椅面，背部不可靠着椅背，采取稍微前倾的姿势，这可以表示出对谈话内容的肯定。

四是站相。站立的时候要像青松一般气宇轩昂，不要东倒西歪。优美的站姿男女有别：女子站立时，两脚张开呈小外八字或V字形；男子站立时与肩同宽，身体平稳，双肩展开。简言之，站立时应舒适自然，有美感而不做作。

五是握手的学问。在日常交往过程中，我们见面时习惯以握手相互致意，分别时以握手告别。别人帮助自己之后，往往要握手表示谢意；别人取得成就时，要与对方握手表示祝贺。可以说，握手贯穿于人们应酬、交往的各个环节，其间的讲究是不能忽视的。作为销售人员，在与客户见面时，握手更是必不可少的礼仪，所以，销售人员更应该注意握手时的细节。

（1）握手的先后。一般是主人、女士、长辈、上级先伸出手。当面对客户时，销售人员应主动伸手，使客户感到亲切。

（2）握手的方式。一般是用右手，同时注视对方，握力适当，时间不宜太长。男性和女性握手，一般只轻握对方的手指部分，不宜握得太紧太久。如果关系亲密，场合隆重，双方的手握住后应上下微摇几下。双手相握可表示更亲密，更加尊重对方。

（3）握手时的禁忌。不要掌心向下压。用击剑式握手法去握他人的手，那样会给人一种傲慢、盛气凌人、粗鲁的感觉。不要随时滥用双手握手。有人为了表示自己的热情、友好，常常像做"三明治"一样，双手紧夹着他人的手不放，这种做法也是不妥当的。

利用客户渴望被认同的心理——心理暗示

推销的艺术不是一朝一夕就能学到的，也有赖于学习别人的经验。但是首先要记住这样一条原则：对人亲切、关心，竭力去了解对方的背景和动机，适合对方的需求而达到自己的目的。只有出于这种动机的信息，才是我们能够真正与对方分享且可以对他们造成影响的信息。每当我们开口时，一定记得问自己一个问题：我所说的，与他的生活有什么关系？

如果我们的信息涉及对方的家庭、藏书、孩子，那么我们就会惊讶地发现，对方会很快接受我们的观点，静下来听我们详细地表达，像讲述趣闻轶事一样。

有一次，孔子带着几个弟子周游到了鲁国。

春光明媚，阳光灿烂，他们的心情不由得放松下来。谁知一不留神，马车跑到了一片田地里，踩坏了一片庄稼。

正在别处劳动的农夫听到消息跑过来一看，心疼得很，气势汹汹地拉住马头就要把他们扣留下来，并要报官和赔偿。

孔子一看，就派子贡前去交涉。子贡是当时大名鼎鼎的外交家、雄辩家，擅长讲大道理。

子贡大摇大摆地走到农夫面前，引经据典，摆事实讲道理，说了半个时辰，农夫反而更生气了，招呼几个儿子把刀枪举了起来。

子贡大惊失色地跑了回来。孔子说："用别人听不懂的道理去说服他，就好比请野兽享用祭祀用的牛羊猪，请飞鸟聆听最优美的音乐。"

于是孔子派马夫前去。马夫对农夫说道："你从未离家到东海之滨去耕作，我也不曾到过西方来，但两地的庄稼却都长得一个模样，马儿怎么知道那是你的庄稼而不该偷吃呢？"

农夫一听，觉得有道理，就解开马还给了他们。

多数人在交际过程中，都喜欢跟一个他觉得是同类、具有共同理念的人交往，因为这样可以让他觉得没有压力。

此外，在交际当中"有样学样"也是一种十分有效的得到认同的途径。

如果我们一开始跟随和模仿他人的声音、肢体动作，一旦赢得对方的好感后，双方的地位便会发生微妙的转化。我们可能会从跟随的地位，慢慢地转换成引导的地位。这时我们可以不必再去模仿对方的说话及动作，而以主导者的方式，改变自己的语气及动作，这时对方将会不知不觉地跟着变化。

为什么会发生这种变化呢？因为用"有样学样"的方法沟通是对他人重视的一种表现。我们先借着模仿进入了对方的内心世界，建立了足够的亲和力，这种亲和力反过来会引导对方的行为。

当你可以引导对方时，便已发挥了潜意识说服的能力了，对方会特别容易认可和接受你的想法和意见。

有效地消除客户的抵触情绪——心理攻坚

在销售中，我们常常会遇见这样的客户，他们观念陈腐、思想老化，但又坚决抵制外来建议和意见，刚愎自用，自以为是。对待这种人，仅靠你的三寸不烂之舌是难以说服他们的。你不妨单刀直入，把他们工作和生活中某些错误的做法列举出来，再结合眼下需要解决的问题提醒他们将会产生什么严重后果。这样一来，他们会开始动摇，怀疑起自己决定的正确性。这时，你趁机摆出自己的观点，动之以情，晓之以理，他们接受的可能性就大多了。

每一个产品、每一项服务或者每一次的购买行为都包含有信息成分在内。比如销售食品需要提供营养成分数据、注意事项和配方；汽车、家居用品和家用电器附有用户手册。人们通过接受这些相关信息充分感受到了产品或者服务为他们带来的各项好处。

确定你的产品或服务的卖点，你要通过这些告诉客户，为什么非得买你的而不是别人的。这个步骤看起来简单，但很多人过不了这一关。不管你要营销的是什么，产品、服务也罢，个人才干、特长也罢，首先得清楚你的卖点、优势是什么。很多人就是不知道根据特定的情况说出能打动对方的卖点。你自己都稀里糊涂，怎么能说服人家买你的东西？

高品质的产品和服务，对于客户的忠诚度有直接影响。有数据调查显示，对于那些产品出现问题但迅速得到圆满解决的客户，比那些使用产品没出现问题的客户，返购率和忠诚度都要高得多。

制定积极主动的策略，让客户了解他们的订单进度，证明你为客户利益着想的诚意，不要等到最后一分钟才告诉客户。要征求客户的意见，明确相应的期望值和最低服务水准，并具体到位。比如，来电话应在两声铃响内接听，来访客人必须在 30 秒内迎候。购买仅仅是与客户间关系建立的起点而非终点，销售员必须清楚这一点。

如何让对方刮目相看——心理博弈

陶朱公范蠡退隐之后，开了一个卖工艺品的店铺。有一天，一位客商来买货，他推荐了四件精美细致的工艺品，每件售价 800 两。客商却说只看中了其中两件，陶朱公就要价 500 两。客商不愿成交。陶朱公慢悠悠地说：既然你都不喜欢，我也不好意思再卖了。然后拿起一件扔在了地上。客商见自己喜爱的东西被摔碎了，很痛惜，连忙阻拦陶朱公，愿以 800 两买剩下的三件。陶朱公不作声，又拿起另一件。

客商终于沉不住气了，请求陶朱公不要再扔了，他愿出1000两把这套残缺不全的工艺品全买走。

这就是利用对方的爱惜心理，故意用摔破一件的方法来吊起对方的胃口，提高另一件的价值。这种方法在自我推销上也很有效，我们举《三国演义》中庞统的故事来说明。

三国时，东吴周瑜死后，鲁肃向孙权推荐庞统。孙权听后先是大喜，后来见庞统面容古怪，心里便不喜欢。

庞统只得从江南出走，鲁肃把他推荐给刘备，号称爱才心切的刘备也嫌他貌丑，只安排他当县令。

庞统来到耒阳县，一不问民情，二不理政事，终日饮酒作乐。刘备听说后十分生气，命张飞去责问。庞统也不去迎接，到县厅见张飞，仍然衣冠不整，大醉而出。

张飞盛怒，责怪他身为县令，把政事荒废。庞统微微一笑："量这百里的小县，都是一些小小的公事，有什么不好决断的！"

庞统随即让人把几个月来积下的公务都取出来，又把外面告状的人都叫进来，一边听人讲说，一边挥笔写判词，是非曲直断得清清楚楚，一点差错都没有，所有人都叩首拜伏而去。不到一顿饭的工夫，几个月的政事都处理完毕。

庞统对张飞说："荒废的政事何在？就是曹操和孙权，我处置起来都在指掌之中，一个小小的县令，有什么值得费心呢？"

张飞大为惊讶，表示要向刘备极力举荐。刘备终于了解到庞统的经天纬地之才，拜他为副军师中郎将，与诸葛亮共谋方略。

上面这个例子说明，让别人发现我们，并不意味着一定要锋芒毕露地把全部本事表现出来，特别是当对方开始不重视你时，就得通过有策略的沉默，以及与行动相配合，少说多做，用事实说话，一步步地让人发现自己，最终达到目的。

售后是连续销售的开始——售后心理

任何卖家都不可能让买家百分之百满意，都会发生顾客投诉事件。处理客户投诉是倾听他们的不满、不断纠正卖家自己的失误，是维护卖家信誉的补救方法。处理得当，不但可以增进和巩固与客户的关系，还可以促进销量的增长。

"我坚信，销货始于售后。"这是推销大师吉拉德的著名信条。吉拉德每年卖出的新车比任何其他经销商都多。解释他成功的秘诀时，吉拉德说："我每月要给客户寄出一万三千张以上的问候卡片。"

吉拉德对顾客的关怀是贯彻到售后的。他说："顾客再回来要求服务时，我尽全力替他们做到最佳服务。你必须有医生的心肠，顾客的车出了毛病，你也要替他难过。"

乍看之下，吉拉德的一万三千张卡片策略，就像一种促销方式。但他对顾客的关怀是发自内心的。吉拉德说："真正出色的餐馆，在厨房里就开始表现他们对顾客的爱心了；同样的，顾客从我这买走一辆车，将会像刚走出一家出色的餐馆一样，带着满意的心情离去。"

一些销售人员以为达成交易就是与客户沟通的结束，认为自己已经没有与客户保持友好沟通的职责了。或者他们认为，在交易完成之后如果客户有需要的话，通常都是因为产品出现了问题，而那时应该由产品维修人员与客户进行联系。这种想法不仅片面，而且十分短视。事实上，很多忠诚的老客户都是通过销售完成之后与销售人员确立持久感情联系的，那些销售高手们不会放过在交易完成之后与客户的进一步沟通接触。在销售完成后仍然积极主动地关心客户需求，并且努力使他们产生更加愉快的体验，这是与客户后续情感交流的重要方式，也是建立稳定客户群的最佳方式。

第七章

管理心理学

真正的管理者是去管理人的情绪——管理情商

一个管理者特别要学会控制住自己的情绪，做到凡事处之泰然。有的管理者由于性格原因，个人情绪表露得非常明显，早上上班前跟老婆吵个架或跟老公斗个嘴，全公司的人都会知道，因为大家一眼就能看出来，这样是要不得的。

对员工个人来说，能力不好不一定不会成功，但是情绪管理不好一定不会成功。当管理者把情绪毫无保留地发泄在下属身上时，这种不正确的情绪处理方式就会破坏和谐的上下级关系，并且员工会通过工作将这种不良情绪传递给客户或其他同事。

优秀的管理者要有比普通员工更高的情绪管理能力。如果一个管理者动不动就发脾气，那么他就会丧失威信，下属也不愿意追随他。

心平气和之时，我们也难免会因为自己不够冷静、成熟与理智的行为而懊恼和后悔。如何才能让自己少犯这种错误呢？

是人都会有几分脾气。当然，我们确实可以将这个问题归咎于脾气和报复心，还可以归咎于压力过大、精神紧张，甚至也可以归咎于自己不好过，别人也别想好过的不佳心态。

但要注意的是：一些人与另外一些人、一些事与另外一些事，看似在不同的平行线上运行，但他（它）们却极可能因为一个"导体"而形成交叉运作。在工作当中，上司、其他部门的同事甚至是客户，与自己的同事及下属，通常都有着以下三种运行特征：一种是平行，一种是交叉，还有一种则是在一条线上直线运行。

可是，谁又是其中的"导体"呢？就是产生这些情绪的我们自己。

在家里和妻子吵了一架，在路上和另外一辆车发生了一点摩擦，在客户那里受到了刁难和委屈，都可能让自己"带电"，成为引发矛盾的导火索。

"带电"并不可怕，麻烦的是自己是个"导体"，自己身边的人也并非"绝缘体"，一旦遇上，就难免会电光火石地发生"电击"事件。以前运行良好的几条"电线"，现在却因为自己而乱麻麻地纠缠在了一起，自然会大大地影响到"电路"的运作，对管理绩效产生极大的负面影响。

现在，我们需要考虑的是，如何让自己由"导体"变为"绝缘体"。

金森是某家具公司的老总，尽管时而会对下属发点脾气，但他并非一个脾气暴躁的管理者。不过，几个月前的某一天他乱发了一次脾气，至今都深为懊悔，并引以为戒。

那天一大早，金森就因为家事和老婆吵了一架，心情很差。摔门而出后，一路上总觉得什么都不顺眼。

带着满腔怨气，他来到了办公室。看见工程部的王经理正和下属们聚在一起有说有笑，金森的脾气因此一触而发。

"王东，公司是请你来做事，还是请你来讲笑话的？"平常都叫

"王经理"，现在却直呼其名，语气严厉。

"老大，我是在安排今天的工作。"王东委屈地辩解，其他下属们也一起用不明就里的眼光看着金森，都觉得今天的他简直就是莫名其妙。

"老大？什么老大？你以为这里是黑社会啊？"金森对着王东越吼越凶。

王东最后实在受不了了，和金森争吵了起来。结果王东一气之下辞了职，带走几个工程大户投奔到了竞争对手的门下，处处与金森的公司作对。

或许，我们当中的不少管理者都遇到过与金森类似的情况。我们之后反省过自己吗？又采取过怎样的改变措施呢？

为了少让自己"带电"作业，避免恶化管理环境与管理绩效，我们可以尝试着给自己定下了几条规矩。

一是时时告诫自己，工作之外的人和事所带来的坏情绪只能存在于办公室的大门之外。

二是提醒自己，下属不是招进来骂的，是请进来为自己工作和挣钱的，跟员工或下属过不去，本质上就是和自己过不去。

三是即使是自己的下属有错，实在忍不住发脾气了，也要区分责任主体，不要让无辜者受到牵连。执行制度、赏罚分明、恩威并施，是乱发脾气最好的替代品。

不论是出于什么目的，管理者乱发脾气只会伤害越来越多的人。长此以往，你甚至会不自觉地将发脾气当作自己的管理风格。但在下属们逐渐形成"抗体"之后，为了更奏效，你的脾气可能就需要越发越大，公司管理便会陷入失控的恶性循环中。

让每个人都发光发热——知人善任

俗话说："千军易得，一将难求。"这种知人善任型的领导虽然不善知事，但却善知人。在工作态度上，他们不是那种勤奋努力、事事以身作则的好领导，但他们绝对是虚心听取下属意见，给下属发挥能动性空间的好领导。在工作上，这样的领导往往缺乏独立完成工作的能力，但却可以调动整个团体合作的积极性，让每个人都发光发热，所以这种领导的所在部门一般工作效率很高。

陈红是一家企业的高级主管，她的观点很有代表性。她时常说这样一句话："我并不把自己当作领导者，只是把自己当作'催化剂'。我的目标是让员工自己设计一个远景规划，并成为为了集体的共同目标而奋斗的一分子。我不要求员工具体该如何做，这不是我的特长。"她认为要想做到这一点的唯一方法就是发挥员工的创造性，使员工更出色地工作。她的这些话可以说是说到点子上了。

在中国古代这种成功的事例很多，最为人所知的就是汉高祖刘邦。论出身，不过是泗水亭长，放在现在来说不过只是一个微不足道的小吏；论武功，也与"力拔山兮气盖世"的西楚霸王项羽不可同日而语。然而，就是这样的刘邦，却击败了具有绝对优势的项羽，建基立业，开创西汉二百多年的历史。刘邦总结自己取胜的原因时说道："论运筹帷幄之中，决胜于千里之外，我不如张良；论抚慰百姓供应粮草，我又不如萧何；论领兵百万，决战沙场，百战百胜，我不如韩信。可是，我的特点在于知人善用，充分发挥他们的才干，这才是我们取胜的真正原因。"刘邦的总结无疑是深刻的。

刘邦身边的能臣良将非常多，比较著名的就有萧何、曹参、张良、韩信、陈平、樊哙、周勃等人。萧何打仗不行，管理后勤却有一套。刘邦把整个后方放心地交给萧何，而萧何也殚精竭虑，在楚汉数年的拉锯战中，保证了汉军兵源给养。韩信虽为汉军武将之首，却曾受胯下之辱，刘邦听从萧何的意见，为韩信筑台拜将，将自己的全部兵马交给一个此前自己并不太信任的人，显示出他惊人的魄力。而陈平是重要智囊，其品行有亏，很为人所不齿，后来有人以此向刘邦进谗，但刘邦不为所动，终能用其所长，最后，他不但救刘邦于危难之中，还最终铲除了吕氏势力，安定了刘家天下。

西楚霸王项羽却恰恰相反，当年凭着"力拔山兮气盖世"的勇猛，带领八千子弟兵，东征西讨，身先士卒，所向披靡，打遍天下无敌手，却最终难免垓下被围，落得乌江自尽的悲剧结局。究其原因，还是不能知人善任，不能用人之过。此前的韩信、陈平都曾经在项羽的麾下，但他却不能放手任用他们，后来身边只剩下一谋臣范增，仍不能完全相信他，最终只能吞下失败的苦果。他在临死时说道"此天之亡我，非战之罪也"，可谓是至死不悟了。

识别人才如同伯乐相马——谈话识人

谈话识人这种考察方法，是一种比较传统的识才方法，也是被实践所证明的有效的方法。

早在两千年前，中国古代的政治家诸葛亮就强调作为一个领导者必须善于知人。他说：不同的人"美恶既殊，情貌不一，有温良而伪诈者，有外恭而内欺者，有外勇而内怯者"。意思是，人的真善美与假恶丑并不都是表现在情绪和脸面上的，也不能从一般的表现上看出来。有的人看来温良敦厚而实际狡诈，有的人外表谦恭而内心虚假，有的人给人的印象勇不可挡实则是一个怯懦十足的人。面对这种情况，他提出了一系列辨别人才的方法，诸葛亮的方法在很大程度上建立在谈话的基础上，正所谓"闻其声，可以知其心"。具体来说他的"闻声"之法分为以下几个步骤。

首先是"问之以是非而观其志"。就是要求领导者亲自与下属讨论对一些重要事情是非对错的看法，来观察他的立场、观点是否正确，对事物的把握、判断能力如何。

其次是"穷之以辞辩而观其变"。就是要求领导者就工作中某些现实问题的处理意见同下属不断地进行辩论，提出质疑，以此来考察他的智慧与应变能力。

再次是"咨之以计谋而观其识"。就是要求领导者不断地向下级提出咨询，请他们对一些重大问题提出谋略和决策方案，以考察其是否有能力和见识。

最后是"告之以祸难而观其勇"。就是要求领导者告诉下级可能面临的灾祸和困难，来识别其是否能临难而出，具有义无反顾的担当精神。

今天，管理学已经日新月异，但是前人的有益经验仍然是我们取之不尽、用之不竭的宝贵财富，值得我们借鉴和学习。

理智与感情并用——换位思考

古人说"文武之道，一张一弛"，就是说做一件事情，要两手抓，两手都要硬，不应该顾此失彼。对于一个领导者来说，就是要做到理智与感情并用，双管齐下，方能取得很好的管理效果。

领导者经常要面对各种难题，比如：下属绩效差怎么办？下属闷声不响怎么办？下属牢骚满腹怎么办？这些管人的难题，要求领导者具有很高的管理心理学技巧。中国古代思想家孟子说过："天时不如地利，地利不如人和。"管理就是以和谐为最高原则来处理各种关系。

一般来说，一个优秀的管理者应该灵活运用理智和情感两种方法，一定会取得理想的效果。例如，蔺相如以退为进，折服一代名将廉颇，演绎将相和的历史佳话，这是以理服人的办法；刘备三顾茅庐，以真情感动诸葛亮，最终使其鞠躬尽瘁，死而后已，这是以情感人的方法。

理智型领导们一般说话不多，举止平和，认为对的，不会热烈地表示赞成，认为错的，不会竭力地表示不满。他们理智、沉稳的行为往往给下属带来稳定的安全感和信赖感。

除了保持理智之外，领导者更要学会用真情打动下属的心。事实上，人们在做出某种决定时，是依赖人的感情和五官的感觉来做判断的，也就是说感情可以突破难关，更能促使反对者变成赞成者，这是潜在心理的突破点。所以人是需要激励的，而激励的方式多种多样，物质激励只是其中之一，但真正长久而深入人心的，往往是情感的激励。情感激励能够充分体现领导者对下属的重视、信任、关爱之情。

劝将不如激将——激发士气

树怕剥皮，人怕激气。所谓激将，就是说点刺激的话激发出别人心底的英雄气概，去执行艰难的任务。

激将是富于戏剧性的谋略，常见于历史典故中。没有人轻易服输，英雄人物之所以能够做出许多大事，往往就因为他们争强好胜。这一点，正是激将的心理基础。

西凉马超率兵攻打葭萌关，张飞大叫入帐请战。诸葛亮佯装没听见，故意对刘备说："马超智勇双全，无人可敌，除非往荆州唤云长来，方能对敌。"张飞一听急了，立下军令状，诸葛亮方才同意。

决死一战的张飞与马超在葭萌关下酣战一昼夜，打掉了马超的锐气。如果没有军令状的刺激，张飞的心理潜力就很难挖掘出来。

诸葛亮擅长激将法，激张飞就不止一次，连孙权都被激过。激孙权表面上看是险招，但诸葛亮早已准确洞悉孙权的心理——既不愿屈服，又担心打不过曹操。诸葛亮对孙权说："如果不能早下抗曹决心，还不如干脆投降，我们单独对付曹操得了。"气得孙权拂衣而去。本来孙权就不服，让他投降曹操反而激起了孙权固有的斗志，最终达成联吴抗曹的战略构想。

钢铁大王卡耐基在这方面堪称高手，他曾用年薪100万美元聘请查尔斯·斯瓦伯出任卡耐基钢铁公司的第一任总裁，那是总裁中最高的待遇。斯瓦伯上任后，发现一家钢铁厂产量排在末位。该厂规模和其他厂一样大，厂长软硬兼施，员工仍然非常懒散。斯瓦伯便向厂长要来一支粉笔，把日班的产量6吨写在地上。前来接班的夜班工人，看见一个巨大的6字，得知是总裁所写。第二天早晨，当斯瓦伯又来到车间时，看到昨天他在地上写的6，已经被夜班工人改成了7。

人都是有惰性的，但都要面子，内心是向往成功的。在斯瓦伯的激将法下，日班和夜班相互较劲，钢铁产量逐步提高。不久，该厂的产量在卡耐基公司的所有钢铁厂中已首屈一指。

通用电气原总裁杰克·韦尔奇说："激励你的同仁光靠物质刺激是不够的，必须每天不断想出新点子，来激励并挑战他们。"

很多时候，劝将不如激将，人总是有自尊的，找准这个点，通过巧妙的刺激，可以促其做出超越常人的反应。

《西游记》中，猪八戒来请孙悟空出山救师父，因孙悟空是被唐僧撵走的，就有点拿架子，但一听猪八戒说那妖精要剥他的皮、抽他的筋、啃他的骨、吃他的心，气得抓耳挠腮，于是就下山救师父去了。八戒并没有瞎编，但他对师兄所说的话是有选择的，因为孙悟空的个性他再熟悉不过了。激将的方式很重要，决定了最后的成败。

激将法虽然有效，但是使用此法要适可而止。每个员工承受外界环境的刺激或压力都有一定的限度，在此限度内，给予刺激、压力的强度和"内驱力"成正比，即人们常说的"越激越奋发"，压力变动力，那就能产生正面积极的作用；如果超过了这一限度，就会导致与期望相反的效果，强弩之末不能穿透一张白纸，既没本事又没勇气，激将法其奈我何？

保持一定的距离——恰到好处

军旅生涯使戴高乐建立了一个座右铭："保持一定的距离。"这也深刻地影响了他与顾问、智囊和参谋们的关系。在他十多年的总统岁月里，他的秘书处、办公厅和私人参谋部等顾问和智囊机构，没有人的工作年限能超过两年。他对新上任的办公厅主任总是这样说："我使用你两年。正如人们不能以参谋部的工作作为自己的职业，你也不能以办公厅主任作为自己的职业。"这就是戴高乐的规定。

这一规定出于两方面原因：一是在他看来，调动是正常的，而固定是不正常的。这是受军队做法的影响，因为军队是流动的，没有始终固定在一个地方的军队。二是他不想让"这些人"变成他"离不开的人"。这表明戴高乐是个主要靠自己的思维和决断而生存的领袖，他不容许身边有永远离不开的人。只有调动，才能保持一定距离，而唯有保持一定的距离，才能保证顾问和参谋的思维和决断具有新鲜感并充满朝气，也就可以杜绝年长日久的顾问和参谋们利用总统和政府的名义营私舞弊。

古代有个人在城里开了一家当铺。有一年年底，有位穷邻居将衣物押了钱，却空手来取，伙计不给他，他就破口大骂，人们都说这个人不讲理。

但是，那个穷邻居仍然是气势汹汹，不仅不肯离开，反而坐在当铺口。

当铺老板见此情景，从容地命令店员找出那位邻居的典当物，加起来共有衣服四五件。伙计不明白老板的意思，他解释道："我明白他的意图，不过是为了度年关。这种小事，值得这样面红耳赤吗？"

随后，老板又指着棉袄对穷邻居说："这件衣服御寒不能少。"又指着外袍说，"这件给你拜年用。其他的东西不急用，还是先留在这里，等你有钱再来取。"

那位穷邻居拿到两件衣服，不好意思再闹下去，只好离开了。

谁知，当天夜里，这个穷邻居竟然死在别人的家里。

原来，穷邻居和别人打了一年多的官司，因为负债过多，不想活了。但是，死后他的妻儿将无依无靠，于是他就先服了毒药，故意寻衅闹事。他知道当铺老板富有，想敲诈一笔安家费，结果老板以圆融的手法化解了，没让这个穷邻居得逞。于是他就转移到另一户人家里去无理取闹，最后，这户人家对他大发雷霆，还让家丁打了穷邻居一顿。没想到穷邻居当场就死了。后来，这户人家只好自认倒霉，出面为他发落丧葬事宜，并赔了一笔钱给穷邻居的妻儿。

事后有人问那位当铺老板："难道你是事先知情才这么容忍他？"当铺老板回答说："凡是无理挑衅的人，一定有所依仗。如果不能远离他们故意设置的是非，那么灾祸就会立刻来临。"

所谓"得饶人处且饶人",那个当铺老板并不是先知,而是他懂得为自己和他人留后路,所以得到了好的回报。对于穷邻居来说,决意寻死,没有什么好损失的,所以豁出去了,决定找个有钱人闹个天翻地覆。

不能远离是非的人,可能就在此被卷进了是非旋涡之中。你可以说他倒霉,但也是因为他不够冷静、没有见识,所以不会主动避让,或是逃得不够远,才会有不良后果。

做人要厚道,固然是老生常谈,但仔细想起来却是再实在不过的道理。为人态度谦恭有礼,行事多给别人一分尊重,无理取闹之人自然就闹不起来,自己也就得以远离是非了。

威信是一种软实力——不怒自威

如果你是一个企业管理者,制订了工作方案后,还要想方设法把它贯彻下去,而不是让计划胎死腹中,这就必然要把你的方案传达给下属,并让其付诸实施。但如何使你的下属听命于你呢?有经验的领导会用独有的魅力去引导和激发下属接受任务并完成任务。

领导的魅力来自哪里？来自下属对于他的信任。

　　作为一个企业管理者，你拥有自己的公司和自己的员工，首先应该明白，从人格角度和自然人角度来说，你和你的员工之间是平等的，没有高低贵贱之分，从这个意义上讲，你是毫无特权可言的。甚至你手中"赏罚"的权力，都必须得到员工的认可，所以作为老板的你对于员工有"炒鱿鱼"的权利，员工也可以抛弃你另寻高就，当员工炒你的"鱿鱼"时，你会发现一切的赏罚都变得毫无意义。那么，你用什么来体现自己的意图呢？很多老板都会不约而同地告诉我们同一个答案：作为一个老板的威信。

　　一艘满载乘客的客船航行在茫茫大海上，但不幸的是在一天夜里，它撞到了冰山，把侧舷撞了个大窟窿，船迅速下沉。顿时，人们惊慌失措地涌向甲板，眼看大事不妙。这时，船长镇静地站在指挥台上说："大家安静，为了我们能安全离开，你们要听从我的命令！把救生艇放下去，妇女先走，其他乘客跟上，船员断后，必须把所有人救出去！"船长威严的声音稳定了人们的情绪，当大副报告"再有20分钟船将沉没海底"时，他再一次命令："时间足够，大家要有秩序，如果哪个男人敢抢在女人的前面，那就一枪崩了他！"危急关头，一切都进行得井然有序。很显然，正是船长的威信使局面得以控制。更让人意外的是，在救出所有人后，他自己一句话没说，随船沉入了大海。

　　威信是一种客观存在的社会心理现象，是一种使人甘愿接受对方影响的心理因素。威信使员工对领导产生一种发自内心的归属和服从感。诸多事例表明，当一个组织的行政领导和精神领袖重合时，那么这个组织的战斗力将得到最大的发挥；当二者不同时，组织中的普通人员更倾向于行政领导，优秀人员更倾向于精神领袖。相对于权力，威信是一种软实力。从某种程度上说，权力是既定的、外在的、带有强制性的；而威信则来自于下属的一种自觉倾向。你可以强制下属承认你的权力，但却无法强制下属承认你的威信。

合理运用"鲶鱼效应"——危机效应

据说，挪威人捕沙丁鱼，抵港时如果鱼仍然活着，卖价就会高出许多，所以渔民们想出了一个办法：鱼槽里放进一条鲶鱼。鲶鱼放进槽里以后，由于环境陌生，自然会四处游动。而大量沙丁鱼发现多了一位"异己分子"，自然也会紧张起来，加速游动，这样一来，一条条活蹦乱跳的沙丁鱼就顺利地被运回了渔港。后来，人们把这种现象称之为"鲶鱼效应"。"鲶鱼效应"的实质是引入新鲜因素，打破平衡，引起竞争，激发活力。

作为领导层，当组织缺乏活力时，如何去改变这一状况，比较流行的做法是，从外部引进"鲶鱼"——空降兵，这在短期内确实能起到一定的效果，但若长期从外部引进高职位人才又会使得内部员工失去晋升的机会，导致员工的忠诚度降低，流动率升高，"治一经，损一经"，不利于组织稳定发展。从经验来看，以下几条内部"鲶鱼"——绩效管理系统、构建竞争性团队、发现并提升潜在"明星"很重要，值得各企业认真借鉴学习。

澳大利亚某牧场上狼群出没，经常吞噬牧民的羊。于是牧民求助政府将狼群赶尽杀绝。狼没有了，羊的数量大增，牧民们非常高兴，认为预期的设想实现了。可是，若干年后，牧民们却发现羊的繁殖能力大大下降，羊的数量锐减且体弱多病，羊毛的质量也大不如从前。原因是失去了天敌，羊的生存和繁殖基因也退化了。于是，牧民又请求政府再引进野狼，狼回到草原，羊的数量又开始增加。

这个事例告诉人们一个道理，"生于忧患，死于安乐"。如果一个企业缺少活力与竞争意识，没有生存的压力，就如同没有天敌的羊一样，必然会被日益残酷的市场竞争所淘汰。一个员工也是如此，长期安于现状、不思进取，必然会成为时代的弃儿。

如今很多管理者在用人时都懂得利用"鲶鱼效应"，目的是通过不断地引进人才进一步激活人才，为组织创造有序的人才竞争环境。但也要注意，这不是绝对的真理，它的运用也有"度"的限制。

"鲶鱼效应"的激励作用在于改变了沙丁鱼型员工不思进取的普遍现象。但如果你所在的部门员工已经形成生龙活虎、锐意进取的良好"鲶鱼效应"气氛，可是你仍然我行我素地坚持继续引进超量"鲶鱼",就可能发生"能人扎堆儿",造成内讧和矛盾,致使效率低下。拿破仑曾说:"狮子率领的绵羊军远比绵羊率领的狮子军作战能力强。"这句话一方面说明了主帅的重要性,另一方面还说明这样一个道理:聪明和能力相同或相近的人不能扎堆儿。能人扎堆儿对组织发展未必有利。

潜意识运用非正式权力——无形影响

非正式权力是由领导自身素质形成的一种自然性影响力,它既没有正式的规定,没有上下授予形式,也没有合法权力那种形式的命令与服从的约束力,但其却比正式权力影响力广泛、持久得多。在它的作用下,被影响者的心理和行为更多地是转变为顺从和依赖关系。非正式权力影响是由领导者的品德修养、知识水平、生活态度、情感魅力以及自己的工作业绩和表率作用等素质和行为所形成的,其特点在于它的自然性,它比正式权力影响具有更大的力量。现实生活的大量事实告诉人们,领导者影响力中起重大作用的是非正式权力,其影响力、感召力、吸引力是巨大的。"其身正,不令而行;

其身不正,虽令不从",就深刻地说明领导者的非正式权力对其有效性和权威性起着决定性作用。

在现实生活中,潜意识运用非正式权力而取得成功的案例俯拾皆是。

比如"苹果"的创立者乔布斯。尽管乔布斯取得成功的因素是多元的,但其强大的说服力与影响力在其创业初期和转型过程中发挥了关键作用。创业初期资金匮乏,他成功地说服了风险投资家为苹果公司注入资金;发展时期,他又一次说服董事会和雇员,适时地进行了业务拓展和转型。他创建了苹果电脑,引领了电脑时尚的新潮流;他创立了苹果手机,影响了很多人的生活方式。

与人们印象中刻板、严厉的日本管理者形象不同,佳能前中国区总裁兼 CEO 是一个非常放松、开放的老板,他随时都会发出"我喜欢你这个人,我喜欢你所做的工作"的信号,让员工感觉到"我不是一部工作机器,而是一个有感情的人"。这种感染力让员工产生了强烈的共鸣,激发了他们在压力下快乐工作的动力。

现代领导理论认为,领导者的权力来源于以下五个方面:一是法定权力。这一权力来自于你所处的职位,职位越高,法定权力越大。二是惩罚权力。领导者对下属的一种物质或精神上的处罚权力,是由法定权力派生出来的一种权力。三是奖赏权力。领导者对下属进行物质或精神的奖励权力,包括表扬、多发奖金、晋升等。是由法定权力派生出来的另一种权力。四是专长权力。由于领导者在某一专业领域所具有的特长而获得的一种权力,这种权力与个人的专业技术水平和能力有关，与职位高低无关。五是个人影响权力。领导者因为个人的品德、风度、气质等个人魅力而获得的一种权力，与职位高低也没有关系。

在以上五个方面的权力来源中，前三种权力是根据所在的职位高低而获得的，称之为正式权力，由此获得权威我们把它叫作正式权威。最后两种权力主要是基于个人原因获得的，与组织关系不大，因此可称为非正式权威。

事实上，在任何一个组织，正式权威都是有限的，因为职位本身是有限的。但是非正式权威是无限的，特别是个人专长权力，主要依赖于个人的专业水平，因此非正式权威的获得更多地只能靠自己。

由此可以看出，要想做好一个领导，仅仅从正式权威方面去努力是远远不够的。专业方面的能力和个人的影响力可以不受职位的影响，它带来的影响可以不断扩大。

理解新生代年轻人的思想心态——与时俱进

新生代年轻人的确有许多独特的地方，比如他们比较重视自我，有自己的信仰，在公司里，他们一开始对"自己的空间"重视程度大于"发展空间"；以情绪和快乐为导向，不愿意承担太多责任和压力，不做遥远的规划；对待成功，希望毕其功于一役；自认为很独立，其实很多方面很依赖，碰到问题，第一反应容易"归罪于外"。但是，他们大多反应快、创新能力强、不盲从；容易适应新的发展和变化，受到重视时能做出出人意料的成绩。他们看起来不盲从，但在情绪上却是最容易互相感染的一代，往往你在公开场合激励了一人，就等同于激励了一个群体。

新生代年轻人一般具有这两个心理状态：有个性、有主见。了解了他们的心理状态，我们应该怎样去正确引导和管理他们呢？作为管理者，我们既然无法改变，就要积极适应。

对于现状，管理者必须告别传统的"说教"。因为你可能已经发现，在平常的沟通中，当你正给他津津乐道地讲你的过去，你的青年时代时，他可能会直接给你说一句"都什么时代了，还讲这些"之类的话。

这些年轻人总觉得上司在说教，很啰嗦，只要感觉上司在说教，就表现出烦躁不安的情绪，稍有语言不慎，就来一句：大不了我不干了！因此，不要试图通过"说教"和"命令"来管理他们。作为管理者，必须具备良好的沟通能力、深刻的思想、专业的技能技巧，这些素质才是领导新生代的前提，也就是说，必须让他们在某一方面欣赏甚至崇拜你。

此外，对于新生代的职场新人，管理过程中一方面要注意不断地对其灌输组织的核心价值观，使其不断融入组织圈子，培养与组织的感情；另一方面应注意把责任落实到个人，必须要求其在指定时间内完成交付的工作任务。同时，要使其明白在制度化管理的背景之下，任何一个工作人员的流失对整个组织来说并没有影响，若不能完成工作，有影响的反而是其本人，以此种方式来增强他们的职业危机感。

第八章

家庭心理学

婚姻是爱情的坟墓吗——心理误区

情感生活和谐，家庭关系才会和谐。然而，许多已婚人士没有找到应对婚姻生活的积极、合理、有效的生理、心理及行为模式，并且在认知上存在种种误区，因此导致了各种不同程度的婚姻困惑。

误区一：结婚了就什么都定型了，不用再在男女问题上费神了。

很多已婚人士认为，结婚了他（她）就是自己的了，为自己服务是理所当然的，不用再去经营双方关系了。其实这是一个心理误区。结婚不是爱情的终点和坟墓，而是爱情的现实满足方式。把一切视为应该或必须的想法，无疑会把动态的生活"定型"，使其僵化，使夫妻双方都因结婚而失去自我。

误区二：夫妻之间无需敬待，说话可以无所顾忌。

有些已婚人士无意中把对方当成了孩子、动物或机器，不懂得尊重或者不够尊重，说话肆无忌惮，毫不照顾对方自尊和底线，具有语言暴力倾向。

误区三：强加于人。

很多已婚人士总是用某种标准来要求对方，喜欢把自己的意志强加给对方。结果使对方在家里非常有压力，体验到了太多的失败感，对对方的感情也越来越淡薄。

误区四：对对方看管太严。

什么事都要过问，什么事都想控制，即使自己根本力不能及。最后换来的只是自己的惶恐不安和对方的冷目以对。

误区五：付出就应该得到回报。

很多已婚女性认为自己怎样对对方好，他就应该怎样对自己好，即付出就应该得到回报。这种心理误区，很容易导致某一方的心理失衡。其实，既然选择了结合在一起，就应该明白这是选择了他的一切，就应该做好承受可能的不幸的心理准备，如此才不至到时候心理那么困顿。

男人哭吧不是罪——情绪郁结

有心理专家研究发现，眼泪可以缓解人的压抑感。他们通过对眼泪进行化学分析发现，泪水中含有两种重要的化学物质，这两种化学物质仅存在于受情绪影响而流出的眼泪中，在受洋葱等刺激流出的眼泪中则测不出来。因而他们认为，人体排出眼泪可以把体内积蓄的导致抑郁的化学物质清除掉，从而减轻心理压力，保持心绪舒坦轻松。

心理学家认为，一味抑制哭泣的做法是不可取的。男性由于习惯于控制他们的感情和眼泪，所以比女性更容易患与精神压力有关的疾病，如溃疡病等。当情绪紧张的时候，胃就开始一阵阵痉挛性的疼痛。这实质上是胃在"消化"你的紧张情绪。

哭与笑都是人们情感的流露。哭往往是由于内心感到委屈或精神受到重大刺激，在这种情况下，人们往往会哭泣流泪。该哭不哭，一味地忍，闷在心里时间久了，心中的压抑就会越积越重，精神负担也就越来越大，进而出现精神萎靡、情绪低落、失眠疲乏，出现悲观厌世甚至轻生的念头，反应性抑郁症往往就是这样造成的。

哭会使心中的压抑得到不同程度的发泄，从而减轻精神上的负担。亲人或好友亡故，悲痛之极，痛哭一场，就会觉得好过一些；受了委屈之后，总想找同情自己的人倾诉一番，倾诉时难免流泪甚至哭泣，但哭过之后便觉得心里舒服一些。所以有的心理学家主张该哭就哭吧，强忍着眼泪等于自杀，这不是没有道理的。

子不教，父之过——心理遗传

有研究人员发现，同心理有问题的父母生活在一起的儿童与同心理健康的父母生活在一起的儿童相比，会产生更多的行为或情绪方面的问题。然而，有研究人员又发现：如果父亲心理健康，母亲心理有问题，则不会对孩子的心理健康造成很大影响。

这是什么原因呢？为了得到答案，有专业研究小组对八百多名3—12岁同父母生活在一起的孩子进行了跟踪研究分析。

研究人员通过让这些父母回答一系列的问题，以测量他们的心理健康水平。比如，他们是否感到绝望、沮丧、没有价值感或非常不安等。调查人员发现：如果父母心理都不健康，他们的孩子更容易有行为问题，包括欺骗、撒谎、欺负弱者、易冲动、具有破坏性。父母心理不健康还会增加孩子出现情绪问题的概率，如过于焦虑、感到沮丧、总是担忧或恐惧。研究结果还显示，如果孩子生活在只有母亲心理不健康但父亲心理健康的家庭中，那么他们出现行为和情绪问题的风险会明显降低。

这背后的原因，研究小组解释说，父亲可以通过支持母亲和帮助照料孩子来缓解母亲心理问题带来的负面影响。此外，健康的父亲可以将健康基因遗传给孩子。

在日常生活中，很多父亲认为，母亲是孩子教育的主力，自己的教育作用要等到孩子上学之后再发挥。其实，当父亲不在家、与家人疏远或繁忙时，孩子失去的不仅仅是一位"助理母亲"。父亲哪怕是把孩子放到自己肩上"骑大马"，或是将孩子高举在空中旋转"坐飞机"，对孩子幼小的心灵都会带来很积极的心理影响。许多心理学家认为，父亲的这种玩闹，可以为孩子提供一个培养情绪的重要途径。对孩子来说，他爱母亲，但更需要父亲。

让孩子爱人的能力——培养爱心

独生子女家庭和长辈过于溺爱的教养方式，使得孩子以自我为中心的心理一再受到强化，从而形成一种人格发展的缺陷，并表现出自私和狭隘等缺点。这些孩子不懂得换位思考，缺乏同情心，他们看不起比自己差的人，受不得一点委屈，不能吃亏，不懂谦让。

以自我为中心是孩子早期自我意识发展的一个必然阶段，在此阶段，孩子以自我为中心观察世界，不懂考虑别人。可以说以自我为中心的想法每个孩子都有，如果在这一阶段，父母给予他们积极诱导，孩子自然会从这个圈子中跳出来。假如父母对此不加以引导，孩子的这种倾向便会愈发严重，就很难再改变了。这类孩子常常把注意力过分集中在自己的需求和利益上，对于和自己认识不同的信息，一般不会接受，这便是一种有问题的心理。

造成孩子以自我为中心的原因很简单：父母从小把孩子放于中心位置，孩子自然就习惯自己是中心。而父母的过分满足也是孩子以自我为中心的催化剂，父母给得太多，孩子就认为是理所当然，这样的孩子感觉不到自己是自私的，他们为了满足自己，往往谁都顾不上，其中也包括自己的父母。

想让孩子戒除以自我为中心的心理，最主要的还是培养孩子的爱心。很多父母为孩子设计种种人生目标，却唯独没对其进行爱心教育。心理专家认为，培养孩子的爱心和其他技能的学习同样重要。帮助孩子走出以自我为中心和爱心缺乏的心理误区，需要父母改变自己的教育方式。

首先，转移家庭注意的焦点。父母对孩子的爱和保护要有一个度，只有注重孩子独立平等的人格构建，才会让孩子身心健康发展。为了避免孩子的以自我为中心，父母应有意识地转移家庭注意的焦点，把孩子视为一个和其他家庭成员平等的人而不是需要照顾的对象。这样就会让孩子正确地认识自己，同时也看到别人的存在。

其次，父母可运用移情的方法，教孩子换位思考。孩子走出以自我为中心，需要父母引导。父母可以通过讲故事和做游戏等方法引导孩子认识别人、理解别人、同情别人，促使孩子从"自我"走向

"他人"。

最后，父母应该让孩子多参加集体活动。过度保护、封闭会让孩子失去和别人接触的机会，也会使孩子失去认识别人价值的机会。在集体活动中，能使孩子品尝到成功带来的喜悦，体验到和别人合作的意义，从而走出以自我为中心的圈子。父母还可以多带孩子参加一些公益活动，这对克服以自我为中心和增加孩子"爱的能力"很有帮助。

怎样让孩子更听话——控制与反控制

孩子不听话，多数情况是因为他对自己正在做的事情太全神贯注了。年龄大些的孩子比小时候的兴趣范围更广泛、程度更深、注意力维持的时间也更长了，这就很难让他们马上停下手里正在做的事情。父母看到孩子在学校能够集中注意力听老师讲话，就理所当然地断定他在家里也同样能够做到。而真实情况是：孩子一回到家，就会很放松，他觉得对父母没有必要像对老师一样总是听从。有时候，你的孩子行为懒散，注意力不集中，正是他感觉自己具有控制能力的一种体现，他想通过不理睬的方式告诉你："我想按自己的想法做事，我想做的时候再去做。"当然，在孩子累了、饿了、发脾气的时候，他也不会听从父母的要求。

　　专家建议，让孩子学会倾听的最好方法就是让他明白前因后果。比如，告诉他如果他现在不能马上去洗澡，过一会儿就没有时间看书和讲故事了。随着年纪的增长孩子逐渐能够懂得一些做事情的理由了，也开始考虑将来会发生什么事情了。再比如，为了让孩子明白为什么他必须准时到学校，你可以告诉他："老师希望你们都能按时到学校，这样谁都不会错过听连续故事的下一集了。而且，如果你迟到了，我上班也就迟到了。"

　　如果面对你的要求，孩子总是没有任何回应，那么你就有必要先问问自己，是不是自己一次对孩子提出的要求过多了。有的父母会这样要求孩子："时间到了，先把玩具收好，然后去刷牙、洗手、洗脸，别忘换上睡衣再上床。"但是，对孩子来说，他很难记住所有的要求。所以，父母首先要使自己的要求简单化，提出要求后还要等30秒钟，看看孩子是否有回应，如果没有就再重复一遍。日常生活中，所有的父母都希望自己的孩子听到要求后马上行动，不要浪费时间。但这样的要求不太现实。不过，父母可以想办法让孩子缩短拖延的时间。为了节省时间，也为了达到更好的效果，父母需要改变那种隔着很远命令孩子做这做那的习惯，而是要让孩子看着你的眼睛，这样他才能明白父母说的话是很重要的，不能当耳旁风。

为什么没有人爱我——单亲家庭子女

在现代社会,单亲家庭越来越多。"幸福的家庭总是相似的,不幸的家庭却各有各的不幸。"夫妻不和,离婚并没有错,错的是不应该对孩子造成伤害。

在萍萍五岁的时候,老王和妻子离婚了,从此老王一个人又当爹又当妈地照顾女儿,日子过得很辛苦。做家长不容易,做单亲家长更不容易。虽然老王竭尽全力地想为女儿创造良好的生活,但没有妈妈的关心、疼爱,萍萍还是过得有些孤单。不知不觉中,老王发现萍萍变得更加内向,平时在家里也不苟言笑。一次,老王无意中看到萍萍的日记本上写着,"既然没人疼我,为什么还让我来到这个世界上?"让老王心里非常难过,也感到非常委屈。

有些单亲家庭中的孩子,由于得不到全面的爱而变得孤独自闭,胆小畏缩,生活在压抑的情绪中不能释放;也有的孩子因生活在父母双方的仇恨和谩骂中而变得性格暴躁,悲观厌世;还有的孩子因父母离异而对爱情和婚姻产生恐惧,进而对整个人生产生怀疑,生活在一种深深的危机感中,感觉不到幸福。

所以,做家长的要爱护自己的婚姻,非离婚不可时也要想办法努力把对孩子的伤害降到最低。不同年龄的孩子对父母离婚会有不同的心理反应：婴幼儿时期的孩子虽然还不太会说话，但他们的心理非常敏感，能觉察到周围人和环境的改变。因此对这个时期的孩子，大人的生活作息尽量不要有大的变动。如果非改变不可，也要循序渐进让他们慢慢适应，尽量避免大变动给他们带来困扰。幼儿时期的孩子是想象力高度发展的时期，他们常常分不清哪些是真实的，哪些是想象的，所以往往会认为是由于自己不懂事惹父母生气才离婚的，他们往往把责任归咎于自己而陷入深深的自责之中。对于这个时期的孩子，必须告诉他们，父母离婚是大人之间的事，与他们无关。

小学阶段的孩子处于最无法接受父母离异的年龄，所以他们受到的伤害也最大。首先，他们此时不能像小时候那样用想象来安慰自己；其次，他们还没有成熟到有能力驾驭自己焦虑、恐惧的情绪。尤其是当继母或继父或新的兄弟姐妹闯入家里时，他们更感到恐惧和担忧，唯恐失去大人的爱，这时大人要反复地告诉他，你永远是他的爸爸或妈妈，会永远爱他。让他们有安全感，体会到温暖和爱是非常重要的。

对于处在中学阶段的孩子，这时已经能够明白事物的变化是正常的，但他们还是无法摆脱不良情绪的困扰。亲情的不完整，加上青春期的焦虑与困惑，会使他们陷入深深的苦恼之中，进而怨恨、仇视父母，恨他们怎么可以自私地抛弃了自己。所以对这个时期的孩子，父母最好齐心合力，切忌相互埋怨，给孩子心里埋下仇恨的种子。

那么，生活在单亲家庭中的孩子，人格和心理一定会出现问题吗？

据心理学家统计，35%的诺贝尔奖获得者都出自单亲家庭，54%的美国总统和英国首相出自单亲家庭，比如林肯、丘吉尔、克林顿……可见，单亲家庭的孩子不仅有容易出问题的一面，更有容易成才的一面。

对于单亲家庭，我们要一分为二地看，单亲家庭既有消极的方面，也有积极的方面。传统观念认为：单亲就是不幸的，单亲的孩子肯定会出问题。正由于这种思维惯性，让本来可以健康成长的孩子受到了伤害。实际上，无论是出自什么样家庭的孩子，关键在于我们怎样看待和对待。建立现代观念，走出思维和认知误区很重要。

家有叛逆儿——逆反心理

根据心理学的解释，逆反心理是客观环境与主体需要不相符合时产生的一种心理活动，具有强烈的抵触情绪。因此，逆反心理的客观条件有两个，即主体和客体。可以说，有思维能力的人存在于社会就会有逆反心理，逆反现象存在于人的一生。

由于青少年学生正处在身心发育成长的不稳定时期，思维的发展和逆向思维的形成、掌握，为逆反心理的产生提供了心理基础和可能。因此，逆反心理在成年前呈上升状态。

逆反心理的产生原因包括以下几点：

强烈的好奇心。由于阅历和经验的不足，青少年们不迷信、不盲从，具有较强的求知欲、探索精神和实践意识。但家长或教师在教育孩子时，为了让孩子不走弯路，常用自己的所得经验阻击孩子的好奇心。孩子受好奇心的驱使，听不进大人们的忠告，对于越是得不到的东西越想得到，越是不能接触的东西越想接触。这样，孩子不听劝告的逆反行为就形成了。

自我肯定的心理需求。这对于青少年尤其如此。他们正处于性格形成和自我认识的时期，通过否定权威和标新立异可以满足自我肯定的心理需求。

施教者的不足。施教者的可信任度低，教育手段、方法、地点的不适当，容易引发受教者的逆反心理和行为。当今青少年学生的成长压力很大，成长历程被压变了形，失去了自由、欢乐、童趣。当压力超过青少年学生的承受能力时，矛盾必然产生，就会产生出逆反行为，甚至敌视父母、老师。

不良精神刺激。有的人遭受过种种挫折，受到了不良精神刺激，逆反心理变得十分严重。例如，老师在教室里或当着全班同学的面批评某个学生；家长在朋友家或在孩子的朋友面前数落孩子的缺点。这些不当的教育方法也是引发孩子逆反心理的主要原因。

青少年学生的逆反心理是正常心理，也是问题心理，它是一种正常的心理状态。同时逆反心理也给家庭教育、学校教育带来了一系列问题，是一个急需解决的心理问题。

如何才会使青少年顺利渡过这段情感不稳定的时期呢？

首先，家长要了解、顺应孩子生理、心理成长的规律。随着孩子的成长，家长不要老是采用抚育婴幼儿的那种包办、监护的方式，留给孩子一定的独立空间，给他们一定的自主权利。

其次，家长要与孩子平等相处，不要用命令、训斥的口气，不要用粗暴和强制的方法管教孩子，特别是当孩子提出一些要求、见解时，家长不要搪塞了事，使自己在孩子心目中失去信任。

最后，家长要树立正确的教育观，要看到孩子的长处，多体谅孩子的难处，应善于理解孩子，不要给孩子施压，不要老是用榜样与孩子做比较，如果榜样起不到作用就会伤害孩子的自尊，只有让孩子有愉快轻松的心境，孩子才能健康、快乐地成长。

两看两相厌——爱情厌倦心理

许多人都有过这样的体验，若长期接触同一事物或从事同一工作，就会产生疲劳感。即使是一幅美丽的画、一首动听的乐曲，如果反复看、反复听，原先的美感也会逐渐消失，而代之以单调乏味的感觉。同样，毫无变化、索然无味的婚姻生活也会产生这样的心理反应，这就是爱情厌倦心理。

心理学家指出：孤独感、生活单调、缺乏情感交流和吸引的消失是产生爱情厌倦心理的主要因素。

孤独感常是产生这种心理的主要原因。一个人如果没有人与他分享生活中的乐趣与感受，就会产生孤独感。由孤独感而转成对婚姻的失望甚至愤怒，原先的情感也就随之消失殆尽了。

长期单调乏味的生活是促成爱情厌倦心理的第二个重要原因。家庭生活如果总是在同样的时间以同样的方式进行就会失去乐趣。

夫妻间长期缺乏感情交流是滋生爱情厌倦心理的第三个因素。事实上，夫妻间的和谐关系是靠思想信息的交流而形成并维护的。它包括互相的尊重与欣赏，夫妻若缺乏情感交流，其隔阂便会渗透到生活的各个方面，使双方渐渐疏远，由相互看不惯直到相互厌倦。

至于吸引力，这是夫妻双方保持相互爱慕所不可缺少的重要因素。而不少人却认为，自己同对方一起生活多年，互相熟悉，无什么秘密可言，无需保持端庄的仪态，因而失去了自身特有的魅力，使对方逐渐产生厌倦的心理。还有一些人认为，只要自己有功于对方和家庭，对方就不会（至少从道义上讲是不敢）嫌弃自己，因而不注意自身修养的提高，使夫妻间差距拉大，造成情感的不和谐。

因此，若要防止产生爱情厌倦心理，保持婚姻生活的新鲜与活力，就要从以上原因入手，纠正或改正相应的问题，从根本上防止爱情厌倦心理的产生。